KB114276

인류세

Anthropocene

인류세

거대한 전환 앞에 선 인간과 지구 시스템

초판 1쇄 발행	2018년 9월 25일
초판 3쇄 발행	2023년 11월 16일
지은이	클라이브 해밀턴
옮긴이	정서진
펴낸곳	이상북스
펴낸이	김영미
출판등록	제313-2009-7호(2009년 1월 13일)
주소	경기도 고양시 덕양구 향기로 30, 106-1004
전화번호	02-6082-2562
팩스	02-3144-2562
이메일	klaff@hanmail.net

ISBN 978-89-93690-56-9 (03450)

* 책값은 뒤표지에 표기되어 있습니다.
* 파본은 구입하신 서점에서 교환해 드립니다.
* 이 책의 전부 또는 일부 내용을 재사용하려면 반드시 저작권자의 사전 동의를 받아야 합니다.

인류세

Defiant Earth
The Fate of Humans in the Anthropocene

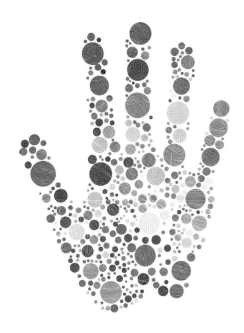

클라이브 해밀턴 지음 | 정서진 옮김

이상북스

깨어난다는 것

이 책은 경고하는 책이 아니다. 45억 년 된 지구에 현생인류가 등장해 살아온 지 20만 년이 지나 역사상 현 시점, 즉 인류세에 도달했다는 것이 어떤 의미를 지니는지 이해하고자 암중모색하는 책이다.

내가 '암중모색'이라고 표현한 이유는 우리에게 닥친 변화가 정신을 못 차릴 정도로 빠르게 일어났기 때문이다. 일반적으로 두서너 세대는 족히 지나야 온전히 이해가 가능한 변화가 순식간에 일어났다. 우리 시대 최고의 과학자들은 지구의 생명유지 시스템이 인류의 생존을 위협할 정도로 훼손되는 엄청난 재앙이 벌어지고 있다고 끊임없이 주장한다. 그러나 이런 사실을 대면하고도 우리는 아무 일 없다는 듯 평소처럼 살아간다. 대다수 사람들은 과학자의 경고를 무시하거나 경시한다. 상당수 학자들은 낙관적인 전망을 쏟아내기에 급급하다. 일부 영향력 있는 목소리는 아무 일도 일어나지 않고 있으며 과학자들이 우리를 기만하고 있다고 단언한다. 하지만 인간의 힘이 아주 강력해져 이제 위협적인 새로운 지질시대에 진입하게 되었다는 증거가 속출하고 있다. "지구 환경에 새겨진 인간의 흔적이 매우 크고 인간의 활동이 대단히 왕성해져 지구 시스템(Earth System) 기능에 미치는 인간의 영향력이 자연의 거대한 힘들과 겨룰 정도가 되었다"는 사실에 입각한 새로운 시대에 들어서게 된 것이다.[1]

하지만 인간이 지구의 행로를 바꿀 정도로 강력해졌어도 자신이 가진 힘을 스스로 조절하는 게 불가능해 보이는 이토록 기이한 상황은 인간 존재에 관한 근대의 모든 믿음들과 모순된다. 따라서 인류가 역사의 경계에서 벗어나 심원한 시간 속에서 작용하는 지질학적 힘으로 거듭나게 되었다는 의견은 어떤 이들에겐 터무니없게 들리기도 한다. 그들은 유약한 존재인 인간이 기후를 변화시킬 수는 없다고 주장한다. 그들 입장에서 보면, 인간이 지질연대를 변화시킬 수 있다는 말은 기이한 주장일 뿐이다. 또 다른 일각에서는 지구와 지구의 진화를 주관하는 것은 신의 영역이라고 한정한다. 따라서 인간이 전능한 신을 뛰어넘을 수 있다고 말하는 것은 주제넘을 뿐 아니라 신성모독이라고 간주한다. 사회과학과 인문학 분야의 수많은 학자들은 세계에 대한 자신들의 이해를 침해할 만한 지구과학자들의 발언을 반기지 않는다. 사회과학자와 인문학자들은 '세계'가 오직 인간과 인간의 관계로 이루어져 있고, 자연은 우리가 원하는 대로 의지할 수 있는 수동적 배경에 불과하다고 여기기 때문이다. 사회과학과 인문학에서 '인간에게 초점을 맞추는' 경향은 '미디어화된' 사회에서 더욱 강화된다. 미디어가 주도하는 사회에서 우리는 다양한 형태의 대중매체가 특정 방식으로 편집해 표현하는 현실을 그대로 받아들인다. 그러다 보니 생태계의 위기를 그저 우리 존재가 살아가는 거품 밖에서 일어나는 스펙터클로 보게 된다.

진실로 무슨 일이 일어나고 있는지 파악하려면 이러한 존재의 거품을 터뜨려야 한다. 또한 인지적 도약을 통해 지구 시스템 사고체계로 전환해야 한다. 이는 인간의 영향력이 자연경관과 대양, 대기로 그 범위를 점점 넓혀가고 있다는 사실을 받아들이는 것과는 별개의 문제다. 우리는 사고의 도약을 통해 지구가 역동적이고 계속해 진화하는 전체적 시스템이라는 사실을 이해해야 한다. 그리고 인간의 활동이 서로 무수하게 맞물린 과정들로 구성된 지구의 기능에 교란을 가져왔음을 이해해야 한다. 우선 다음과 같은 놀라운 사실을 생각해 보자.

지축의 경사와 동요를 비롯해 지구의 자전을 주관하는 주기에 대해 해박한 고기후학자들은 다음 빙하기가 5만 년 후에 찾아올 것이라고 확신한다.[2] 하지만 이산화탄소는 대기 중에 수천 년간 존재해 왔고, 더욱이 20세기와 21세기 동안 인간의 활동으로 인해 지구온난화가 진행된 상태다. 따라서 다음 빙하시대의 도래는 고기후학자들의 예상과 달리 **억제**될 것으로 보인다. 아마도 다음 빙하시대는 (다른 조건들이 그대로라면) 13만 년 후에 시작될 전망이다. 1세기 또는 2세기에 걸친 인간의 활동이 향후 수만 년 간 지속될 세계 기후를 되돌릴 수 없을 정도로 변화시킬 수 있는 것이다. 그렇다면 역사 및 사회를 분석할 때 오로지 인간들 사이에서 일어나는 문제에만 한정하는 시각은 재검토되어야 한다.

현재 전개되고 있는 엄청난 규모의 사건인 인류세에 관한 과학적 증거는 수없이 많다. 하지만 그럼에도 불구하고 논리적이고 합당한 반응을 이끌어내기에는 턱없이 부족한 이 불편한 사실을 어떻게 이해하면 좋을까? 생태계 교란과 관련해 지금까지 축적된 사실들이 많은 사람들에게 마치 효과를 일으킨 것으로 보인다. 지구 시스템의 위기를 말할 때 가장 흔하면서 분명한 반응은 무감각한 태도다. 특히 이런 태도는 여론 주도자나 정치 지도자들 사이에서 쉽게 발견된다. 소수의 사람들만이 인류세의 진의를 파악하기 위해 열린 자세로 임했다. 그들은 인류세의 증거를 완전히 이해하기 위해 그 어느 때보다 불편한 과정을 차근차근 통과하며 새로운 관점의 문턱을 넘어섰다. 혹은 그 자체로는 매우 사소한 사건이나 정보에 대응하다가 갑자기 벼락처럼 찾아온 깨달음 덕분에 새로운 지질시대를 열린 시각으로 보게 되었다.

　독일어로 '에를레프니스'(Erlebnis)는 삶의 행로에서 우연히 일어난 갑작스런 사건을 뜻한다. 감정에 호소하는 19세기 낭만주의의 특징이었던 개인적 체험에 가깝다. 그러나 지울 수 없는 인상을 남겨 삶의 행로를 변화시키는 강렬하고 파괴적인 사건을 가리키기도 한다. 삶에 통합되는 것이 아니라 기존의 삶을 과거에 묻어두고 새로운 감성, 즉 "잊을 수 없고 그 무엇으로도 대체할 수 없는 어떤 것, 개념 정의로 완성되지 않는 의미를 갖는 어떤 것"³을 열어젖히는 체험인 것이다. 이러한 깨달음은 강렬한 감정적 사건일 뿐 아니라 의미로 가득 찬 체험이다. 이런 깨달음을 얻은 주체는 종종 그러한 사건이 마치 이해를 구하고자 하는 소기의 목적을 가진 것 같다는 불가해한 느낌을 받는다. 어떤 힘이 개입해 기존의 사고방식에 균열을 일으키고 개별적 사실을 뛰어넘는 보편적 진리를 드러내는 것처럼 느껴지는 것이다. 그리하여 엄밀한 의미의 과학을 뛰어넘어 지구가 처한 역경에 기민하게 반응하는 소수의 사람들은 그 규모를 짐작할 수 없는 엄청난 무언가가 현재 일어나고 있음을 직감한다. 그들은 "앞으로 다가올 미래에 대한 전망으로 가득 차 있고,"⁴ 우리가 파멸과 구원의 가능성 사이에서 분투하고 있음을 알고 있다.

　따라서 오늘날 가장 큰 비극은 비극을 비극으로 느끼지 못한다는 데 있다. 지구 시스템의 교란에 보이는 대다수 사람들의 무관심은 이성의 쇠퇴나 심리적 나약함 때문일지도 모른다. 그러나 이것만으로는 어째서 우리가 지금 같은 벼랑 끝에 몰리게 되었는지 설명하기에 부족해 보인다. 오늘날의 사고체계로는 현재 우리가 직면한 상황을 제대로 파악하는 것이 참담할 정도로 어렵다. 현재의 상황을 어떻게 이해하면 좋을까?

두 번째 원자폭탄이 일본에 투하되고 몇 년 후, 가즈오 이시구로(Kazuo Ishiguro)는 나가사키 주민들에 관한 소설을 썼다. 그 소설에 폭탄은 한 번도 언급되지 않지만 폭탄의 그림자는 모든 이들에게 길게 드리워져 있다. 인류세의 그림자도 이처럼 우리 모두에게 드리워져 있다. 하지만 좌파와 우파 양 진영의 저명한 학자들이 주기적으로 쏟아내는 세계의 미래에 관한 묵직한 책들에서는 생태계 위기가 거의 언급되지 않는다. 그들은 중국의 부상, 문명의 충돌, 세계를 장악한 기계에 대해 기술하며 마치 기후과학자들은 존재하지 않는 것처럼 그들의 생각을 펼쳐 나간다. 그들이 예측하는 미래에는 주요 사실들이 누락되어 있다. 미래학자들마저 더 이상 유효하지 않은 과거에 갇혀 있다. 이것은 대단한 침묵이다.

어느 만찬에서 유럽의 매우 저명한 정신분석가가 열에 들떠 온갖 주제에 대해 장황하게 이야기를 늘어놓았다. 그런데 기후변화가 언급되자 꿀 먹은 벙어리가 되었다. 그는 할 말이 없었다. 대다수 지식인들에게 지구과학자들의 미래 예측은 너무 터무니없게 생각되어 무시하는 게 낫다고 여겨지는 모양이다. 어쩌면 이러한 지적 항복이 매우 완벽한 전략일지도 모른다. 세상을 더 문명화된 곳으로 만드는 데 기여하길 바라는 힘들, 이를테면 개인의 자유, 민주주의, 물질적 진보, 기술력은 사실 세계를 파멸로 이끌고 있기 때문이다.

우리가 가장 신뢰했던 힘들이 우리를 배신했다. 우리를 구해줄 거라 믿었던 힘들이 이제 우리를 집어삼킬 듯 위협하고 있다. 일각에서는 증거를 거부함으로써, 말하자면 계몽주의를 저버림으로써 긴장 상태를 해소하려 한다. 다른 일각에서는 지구에 대한 고뇌가 낭만적 환상이나 미신적 퇴행이라도 된다는 듯, 위험에 주의를 기울이자는 주장을 인류에 대한 믿음이 상실된 태도라며 폄하한다. 그럼에도 지구과학자들은 우리 주위를 떠돌며 울부짖는 망령처럼 끊임없이 문제를 제기한다. 그러나 우리는 때때로 진보라는 십자가를 초조하게 들어올리며 그들에게서 등을 돌린 채 하루하루 살아가기에 바쁘다.

1

'인류세'라는 균열

지 구 역 사 의 균 열

먼저 과학부터 살펴보자. 지질연대표는 중대한 지질학적 사건이 일어난 순서대로 지구의 역사를 절(節, Age), 세(世, Epoch), 기(紀, Period), 대(代, Era), 누대(累代, Eon)로 나눈다. 국제층서위원회(International Commission on Stratigraphy)는 지질연대에 새로운 지질시대인 인류세를 공식 도입하는 문제를 검토하고 있다. 암석의 지층을 전문 연구하는 지질학자인 층서학자는 보수적인 전문 분야 중에서도 가장 전통에 묶인 학자들이라고 할 수 있다. 하지만 그들의 결정은 가장 급진적인 영향력을 발휘한다.

지구과학자들이 홀로세가 끝나고 인류세가 시작되었다고 믿는 주된 이유는 대기 중 이산화탄소 농도의 급격한 증가와 그로 인해 지구 시스템 전반에 미치는 연쇄적인 영향 때문이다. 해양

산성화, 생물종의 멸종, 질소순환의 혼란 등 시스템을 변화시키는 힘들이 이러한 주장에 힘을 실어주고 있다. 산업혁명 초기 대량으로 석탄연료를 사용하기 시작했을 때부터 인간이 기후 시스템을 교란한 것으로 보인다. 대기 중 이산화탄소 농도는 그 이후 150년 동안 점진적으로 증가하다가 제2차 세계대전 이후 급증했다. 현재 다양한 지표들에 따르면, 제2차 세계대전이 끝난 이후 인간은 지구 시스템에 급격하고 명백한 혼란을 야기했다.[1] 지구과학자 윌 스테픈(Will Steffen)은 전후 시기야말로 "변화의 속도와 파급력에 있어 인류 역사를 통틀어 가장 놀라운 시기로" 단연 두드러진다고 말한다.[2] 다른 지구 시스템 과학자들은 다소 다르게 표현한다. "지난 60년에 걸쳐 인간과 자연세계의 관계에 인류 역사상 가장 심대한 변화가 일어났다는 것에는 의심의 여지가 없다."[3]

전 세계적인 경제 성장, 자원 이용, 쓰레기 양과 관련한 장기적인 변화 추이를 살펴보면, 제2차 세계대전 이후 모든 수치가 급격하게 상승했다. 따라서 이 시기는 "거대한 가속도의 시대"라 불렸고, 이 같은 추세는 오늘날까지 이어지고 있다. 이를 근거로 과학자들은 새로운 지질시대가 처음 제시했던 18세기 말이 아니라 1945년경부터 시작되었다고 피력한다.[4] 엄밀하게 층서학적 견지(새로운 시대를 공식화하는 결정과 가장 밀접한 관련이 있는 관점)에서 보면, 지금으로부터 100만 년 후 암석기록의 가장 뚜렷한 지표는 1945년 원자폭탄 폭발의 결과로 지표면 전반에 급작스럽게 퇴적된 방사성 핵종일 것이다. 이른바 '밤 스파이크'(bomb spike)로 알려진 현상이다. 핵 시대가 그 자체로 지구 시스템의 기능을 변화시키지는 않았다. 그러나 1945년에 퇴적된 방사성 핵종을 함유한 지층은 미국이 전 세계적 패권을 장악하게 된 시대와 전후 수십 년 동안 이뤄진 놀랄 만한 물질적 확대, 즉 자본주의가 대대적으로 성공한 시기의 서막을 알리는 전조이다. 오늘날 우리는 이러한 성공이 지구 시스템에 어떤 결과를 가져왔는지 알고 있다. 대기 중 이산화탄소의 지속적 증가를 보여주는 킬링곡선(Keeling Curve)은 아주 단순하면서도 눈에 확 들어오는 결과를 제시한다. 지구과학자 제임스 시빗스키(James Syvitski)는 간단명료하게 말한다. "아무 편견도 담겨 있지 않은 양적인 측정에 따르면, 인간은 빙하기가 우리 지구에 영향을 미쳤던 정도에 비견될 만큼 방대한 규모로 지표면에 영향을 미쳤는데, 이는 빙하기보다 훨씬 짧은 기간 내에 이뤄진 일이었다."[5] 지구 시스템의 경로는 돌이킬 수 없을 만큼 변화되었다.

이런 변화들이 어째서 실질적으로 영속적인지 이해하기 위해 우선 지구온난화 문제를 단독으로 살펴볼 필요가 있다. 인간은 지구 시스템의 탄소축적량에 변화를 가져왔다. 탄소는 기후에 지대한 영향을 미치는 필수 원소다. 수백만 년 동안 땅 속 깊은 곳에 화석 형태로 갇혀 있던 거대한 탄소 저장고가 채굴되어 연소되며 지구 시스템에 탄소가 방출되었다. 이렇게 방출된 탄소는 대기와 대양, 생물권으로 이동한다. 아마도 수십만 년이 지나야 탄소의 상당량이 다시 땅속에 고정될 수 있을 것이다. 그 사이, 한두 세기에 걸쳐 대기에 방출된 이산화탄소는 끊임없는 영향을 미치는 변화를 가져왔다. 이산화탄소는 자연 현상을 통해서도 대기권으로 방출되기 때문에 해양은 이미 인간이 대규모로 화석연료를 이용하기 시작했던 때보다 3분의 1 이상 더 산성화되었다. 수천 년에 걸친 기간 동안 높아진 산성도는 심해 해저에 탄산칼슘이 퇴적되는 자연 과정에 교란을 일으킨다.[6] 그린란드 빙상 같은 거대한 빙하의 불안정한 상태는 원래의 상태로 돌아가기까지 수만 년이라는 시간이 걸릴 것이다. 향후 몇 세기에 걸쳐 해수면 상승을 초래할 얼음 없는 지구의 가능성도 배제할 수 없다. 이렇게 변화되고 있는 지구 시스템의 구조는 혹 가능하다고 해도 원래대로 복원하는 데 수천 년이 걸릴 수밖에 없다. 〈네이처〉에 기고한 22명의 지구과학자들의 말을 빌리자면, "앞으로 몇 십 년은 지금까지 이어져 온 전체 인류 문명의 역사보다 더 오래 이어질, 파국으로 치달을 광범위한 기후변화를 (막지는 못하더라도) 최소화할 수 있는 한시적인 기회다."[7]

인류가 사라지거나 혹은 더 이상 지구 시스템에 개입하지 못할 정도로 입지가 줄어들고 나서도 오랜 시간이 흐른 후에야 행성의 변화를 주도할 행성 차원의 거대한 과정들—궤도 촉성, 판구조론, 화산활동, 자연 진화 등—이 인간이 남긴 영향을 압도할 것이다. 그러나 지구가 홀로세, 즉 온화한 기후가 장기간 지속되어 문명이 번성할 수 있었던 지난 1만 년의 시대와 유사한 상태에 접어드는 일은 없을 것이다. 지구는 이미 다른 궤도로 선회했다. 일부 과학자는 최근 수십 년간 인간이 야기한 변화가 대단히 엄청나고 오래 지속될 것이라서 우리는 새로운 지질학적 '세'가 아니라 다세포 생물의 출현이 지구 역사에 초래한 변화에 상응하는 새로운 '대', 바로 인류대(Anthropozoic era)에 진입했다는 의견을 밝히기도 했다.[8]

따라서 1945년은 지구의 유구한 역사 속에서 지질학적 진화가 인간이 어쩔 수 없는 자연의 힘에 의해 주도되는 것이 아니라, 의식적이고 자발적 존재인 인간이 주체가 된 새로운 지질학적 힘에 의해 영향을 받게 되는 전환점이다. 우리는 인간이 주체로서 역사를 만든다는 생각에 익숙하며, 초기 인류가 출현해 문자가 발명되기 전까지의 시기를 '선사시대'라 칭한다. 이제 우리는 불가능하게만 보이던 것을 염두에 두어야 한다는 사실을 수긍해야 한다. 즉 인간이 지구의 **심원한** 역사의 경로를 변화시키는 주체, 더 정확히 말하면 지구의 아득한 미래, 소위 '탈역사'(post-history)를 야기할 사건의 주체가 아닌지 숙고해야 한다.

우리는 인류세가 인류의 미래에 어떤 의미를 가지게 될 것인지 생각하는 데 여념이 없지만, 최근의 수십 년은 지구의 생물지리학적 역사가 새로운 단계에 진입한 전환기이기도 하다. 지구의 역사는 인류의 역사와 얽혀 있기 때문에 결국 "하나의 운명이 다른 하나의 운명을 결정짓는다."[9] 겨우 몇 십 년 만에 우리는 지구 전체의 역사—지구의 형성부터 종국에는 태양이 폭발하여 결국에는 일어나게 될 지구 멸망에 이르는 역사—가 돌이킬 수 없게 둘로 나뉘는 것을 목도했다. 오로지 맹목적인 자연의 힘에 의해서만 지구의 역사가 결정되었던 45억 년, 그리고 의식적인 인간의 힘이 사라지고 오랜 시간이 흘러서도 그 힘에 의해 영향을 받게 될 그 후의 50억 년으로 역사가 갈리게 된 것이다. 만일 인류가 사라진다고 해도 지구 시스템을 주도하는 거대한 힘들은 지속될 것이고, 인류가 자연경관에 남긴 더욱 뚜렷한 영향들도 종국에는 지워질 것이다. 그럼에도 불구하고 인류가 남긴 영향력의 흔적—인류의 흥망성쇠와 영속적인 유산—은 무엇보다 암석기록을 통해 지층의 교란이 있었음을 보여줄 것이다. 즉 인류의 역사는 100억 년 동안 이어질 수 있는 지구 역사의 중간 어디쯤에서 수십 년 간에 걸쳐 쌓인 기이한 지층으로 뚜렷하게 남을 것이다.

자 연 의   의 지

이전의 모든 사례를 살펴보면, 지질연대표의 한 시대 단위에서 다른 단위로의 이행은 자연력의 점진적 발달이나 때로 단일한 거대 사건에 의해 일어났다. 이런 자연의 힘들은 무의식적이고 뜻하지 않게 일어나므로 하나의 자연력이 또 다른 자연력에 미치는 피드백 효과가 여과 없이 (복잡하기는 하나) 직접적으로 영향력을 발휘한다. 그러나 오늘날 호모 사피엔스가 지구 시스템에 미치는 영향력에 있어 자연의 힘들과 겨루고 있다고 가정한다면, 지구 시스템에 남긴 인간의 흔적은 대단히 광범위해 풍화, 화산활동, 운석 충돌, 섭입, 태양의 활동과 같은 물리적 힘들과는 근본적으로 다르게 자연의 힘에 영향력을 미친다. 이 새로운 '자연의 힘'에는 근본적으로 전혀 다른 뭔가가 포함되어 있다.

바로 의지의 작용이라는 요소다.

대기 중 이산화탄소 농도의 증가나 질소순환의 교란을 비롯해 전 지구적인 인위적 영향들은 그저 우연히 일어난 것이 아니다. 그것은 인간의 이성적 판단에 따른 **결정**에 의해 의도적으로든 그렇지 않든 간에 발생한 결과다.

우리가 주지하듯 자연계에서 자연의 힘은 무의식적이며 어떠한 결정도 내리지 않는다. 따라서 지질학적 힘으로 작용하는 인류를 이해하려면 인간이 가진 힘의 고유한 속성인 '의지'라는 요소를 감안해야 한다. 또한 인류의 지질학적 힘(force)보다는 **지질학적 능력**(power)으로 표현하는 게 더 나을 것이다. 결정을 내리는 능력뿐 아니라 상황을 변화시키는 능력까지 고려해야 하기 때문이다. 자연의 힘과는 달리 이는 행사될 뿐 아니라 억제될 수도 있는 힘이다.

따라서 45억 년이라는 지구 역사에서 처음으로 물리적인 힘에 (물리적 효과를 야기하는) 비물리적인 힘이 혼재되고 있다. 그러나 이 비물리적인 힘은 기존의 자연력에 **추가되기**보다는 어떤 의미에서는 **스며들어** 자연력의 작용에 변화를 가한다. 그리고 이 새로운 힘은 지구의 지질학적 진화를 설명하는 지구역학 시스템에 불완전하게 통합될 수밖에 없다. 21세기의 지구온난화에 대해 다양한 예측이 존재하는 주요 이유는 바로 이 새로운 힘이 어떻게 작용할지 불확실하기 때문이다. 현재로서는 인간이 지구에 존재하는 한 미래의 모든 세, 대, 기 같은 시대 단위는 분명 물리적 힘과 이 새로운 힘이 혼재된 양상을 띨 것이다. 이 토록 기이한 시대 단위를 공식적인 지질연대에 추가한다는 사 실에 일부 지질학자들이 매우 불편한 심기를 드러낸 것도 그리 놀랄 일이 아니다.

인류세가 지질연대에 도입될 수 있는 완전히 새로운 시대 단 위이며, 1945년이 지구의 심원한 역사에서 존재론적 변화가 일 어난 해라는 추론은 또 다른 방향으로 이어질 수 있다. 인류세 를 공식화하기 위해서는, 인류세를 지질학적 **세**로 구분하는 것 이 가장 적합하다는 일부 과학자들의 제안을 국제층서위원회가 층서학적 지표에 근거해 동의해야 한다. 몇몇 저명한 과학자들 은 (절보다 길고 기보다 짧은 단위인) 세로 간주하는 것이 보수적이지 만 적절한 결정이라는 의견을 피력한다. 그러나 인간 사회가 기 후의 이상변화 징조에 발 빠르게 대응하지 못한다면 인류세는 세에서 기로, 혹은 심지어 6600만 년 전 시작된 지금의 신생대 를 잇는 새로운 대, 즉 인류대로 격상해야 할 수도 있다고 지적 한다.[10]

다시 말해 새로운 단위를 지정하기 위해 지금 당장 이용 가능 한 자료를 모으고 검토하는 것뿐만 아니라 인간이 지구 시스템 에 미치게 될, 아직 일어나지 않은 영향까지 고려해야 하는 지 질학적 상황에 접어들고 있다. 국제층서위원회가 내리는 인류 세에 관한 판결은 이미 존재하는 새로운 증거의 **발견**에 의해서 가 아니라 향후 수십 년 내에 나타날 수 있는 새로운 증거의 **출**

현에 의해 무효가 될 수 있다. 하지만 지질연대를 구분한 이전의 모든 판결에 대해서는 무효화하는 것이 불가능하다. 새로운 지질학적 세는 이전의 다른 모든 시대들과는 근본적으로 완전히 다르며, 따라서 1945년은 유구한 지구 역사에서 과거와의 단절을 보여주는 경계선으로 생각될 수 있다. 또한 1945년은 지구의 생애를 존재론적으로 그 이전과 그 이후로 구분 짓는 해이다. 즉 대상의 존재적 특성 자체가 변화된 것이다.

역사가 디페쉬 차크라바르티(Dipesh Chakrabarty)는 여러 의미가 함축된 인상적인 의견을 피력했다. 인류세의 도래는 인간의 역사와 지질학적 역사가 만났다는 것을 뜻하며, 야코프 부르크하르트(Jacob Burckhardt)의 말처럼 "의식의 각성에 의해 자연과 단절된" 역사의 근대적 개념에 의문을 제기한다.[11] 두 역사가 최초로 갈라진 시점은 지질학이 태동한 18세기로 거슬러 올라간다. 당시 지질학의 연구 결과를 받아들이는 속도는 느렸다. 브리태니커 백과사전 1854년판에는 "창세부터 1854년까지의 연대표"가 실려 있다. 이 연대표는 이렇게 시작한다. "히브리 성서에 따르면, 기원전 4004년에 천지창조." 수 세기 동안 유럽의 인류사는 창세기의 우주론에서 지구 역사의 일부였다. 다른 문화권에서도 인류사는 우주의 기원과 관련된 유사한 신화에 포함되어 있었다. 그 후로 오랜 세월이 흘러 지구가 인류보다 훨씬 오래전에 존재했으며, 실제로 생명보다 더 오래되었다는 지질학적 발견이 이루어졌고, 그로 인해 지구는 고유의 역사를 갖게 되었다. 인간이 현대적 의미에서 역사를 갖게 된 것은 자연이 고유의 역사를 갖게 된 후에야 가능했다. 자연과 분리된 인류의 독립된 역사에 대한 이해는 모든 현대 사회과학의 기반이 되었다. 따라서 인류세에서 인간의 역사와 지구 역사의 만남—더 정확하게는 충돌—은 모든 사회과학과 그와 관련한 철학적 기반이 이제는 더 이상 옹호될 수 없는 역사적 과정의 이해에 기반을 둔 것은 아닌지 의심하게 만든다.

두 역사가 만난다는 것은 인간을 자연세계와 분리시키려는 시도에 반하여 인류의 미래가 지구의 운명에 매여 있다는 뜻이다. 우리가 지구 시스템에 교란을 일으킴에 따라 인류의 미래는 더욱 불안정하고 예측할 수 없게 되었다. 산업주의의 본질적인 목표가 지금까지 자연세계를 인간의 통제 아래 두는 것에 맞춰져 왔던 것과 대조적으로, 사실상 그로 인한 결과는 자연을 통제하는 것을 더욱 불가능하게 만들었다. 기후학자 케빈 트렌버스(Kevin Trenberth)가 서술했듯이 "모든 기상사태가 (인간이 유발한) 기후변화에 영향을 받는데, 그 이유가 기상사태가 벌어지는 환경이 과거보다 더 따뜻하고 습해졌기 때문이라면,"[12] 오늘날의 모든 극단적인 기상사태에는 인간의 흔적이 엿보인다. 홍수, 기근, 화재, 전염병은 더 이상 순수하게 자연적 요인에 의한 것이 아니며, 따라서 도덕적 악과 자연적 악 사이의 신학적 구분(또한 세속에서도 빈번하게 일어나는 구분)은 무너지고 있다. 우리는 이제 '천재지변'에 대하여 보험회사는 책임이 없다고 약관에 규정하는 것이 과연 무슨 의미를 지니는지 물어야 할 것이다. 오늘날 인류는 중대한 결정에 직면해 있다. 즉 일부 지구공학의 명시적 목표이기도 한 더 강력한 기술적 능력을 통해 지구를 정복하기 위해 **더 많은** 통제를 가하고자 시도할 것인지 혹은 이후 일어날 사회적 결과들을 모두 고려해 한 발 물러나 온화한 노선을 취할 것인지 결정해야 한다.

지　구　시　스　템　과　학

인류세라는 개념을 창안한 것은 인간의 활동이 지구 시스템 전반에 미친 영향으로 인해 지구 역사에서 일어난 가장 최근의 균열을 포착한 지구 시스템 과학자들이었다.

나는 독자에게 여기서 잠시 멈추고 "가장 최근의 균열"과 "지구 시스템 전반"에 특별히 주의를 기울여 위의 문장을 다시 읽어주길 요청한다. 인류세, 그리고 인류가 현재 직면한 상황에 대한 이해는 이 개념을 얼마나 정확하게 파악하느냐에 전적으로 달렸다. 앞으로 살펴보겠지만, '인류세'는 오독, 오해, 이념적 포섭에 빠르게 휩싸여 이 개념을 처음 접하는 대다수가 심각하게 오도되기 쉽다. '인류세'는 자연경관에 미치는 인간의 영향력이 지속적으로 확산되거나 생태계를 변형시키는 현상을 설명하기 위해 만든 용어가 아니다. 인류세는 지구 시스템 전반의 기능에 생긴 **균열**을 설명하는 용어라는 것과 이 균열로 인해 현재 지구가 새로운 지질학적 시대에 접어들었음을 이해하는 것은 매우 중요하다.

인류세의 궁극적인 원인과 대응책에 관해 어떤 결론을 내리든 간에 우선은 인류세에 대한 기초과학을 먼저 이해해야 한다. 이를 제대로 이해하기 위해서는 더도 말고 학술지에 발표된 여섯 편의 중요한 논문을 주의 깊게 읽을 필요가 있지만, 이 주제에 관한 저술에 뛰어든 대다수는 거기에 충분한 시간을 들이지 않는다. [이안 앵거스(Ian Angus)는 《인류세에 직면하여》(*Facing the Anthropocene*)의 전반부에서 인류세에 관한 과학적 지식을 훌륭하게 개관하고 있다.[13]]

대기화학자 파울 크뤼천(Paul Crutzen)에 의해 2000년에 처음 명명된 인류세는 지구의 전체 역사를 나누는 공식적인 지질연대표에 새로운 지질시대를 추가해야 한다며 제안된 이름이다.[14] 이미 살펴봤듯이 지질연대는 큰 인형 속에 작은 인형이 들어 있는 러시아 인형처럼 절, 세, 기, 대, 누대로 나뉘며, 이 중 '절'이 가장 작은 단위다. 인류세는 지난 1만 년 동안 지구의 기후가 매우 온화하고 안정적이었던 홀로세의 뒤를 잇는다.

지구 시스템의 기능에 인간으로 인한 균열이 일어났다는 발상은 지구 시스템 과학이라는 새로운 과학적 패러다임이 형성되고 나서 태동했다. 이런 패러다임은 1970년대와 1980년대에 시작되어 1990년대에 통합된 새로운 과학적 사유에 근간을 두고 있다. 이러한 새로운 과학적 사유들로는 1970년대 메도우즈(Donella Meadows) 연구팀이 실시한 지구 자원에 관한 연구에서 시스템 모델링 적용, 1979년에 최초로 제기된 제임스 러브록(James Lovelock)의 가이아 가설, 1980년대 지구 생물권의 초기 생물물리학적 모델링, 1980년대 남극 대륙의 빙하에 파이프로 구멍을 뚫어 채취한 얼음 조각인 빙하코어(ice-core)에서 얻은 아주 놀라운 결과, 1983-1986년의 국제 지권-생물권 연구계획 형성, 1988년 기후변화에 관한 정부간 협의체 설립 등이 있다.[15] 1960년대 후반 아폴로 우주탐사단이 우주에서 찍은 지구 사진들이 미친 영향도 언급할 수 있겠지만, 어디까지나 일반적인 낭만적 영향이 아니라 해석에 기반을 두어야 한다.

인류세는 **지구 시스템**이라는 새로운 연구대상에 적용되는 개념으로, 지구 시스템은 지구 시스템 과학의 출현과 함께 1980년대와 1990년대가 되어서야 등장했다. 이런 주장이 믿기 어려워 보일 수도 있다. 과학자들, 그리고 그 이전의 자연철학자들이 훨씬 오래전부터, 일찍이 18세기에만 하더라도 이미 지구가 전체로서 기능하는 하나의 시스템이라고 이해하지 않았을까? 그러나 사실은 전혀 그렇지 않다. 지각(地殼)이 있고 그 위에 살아가는 생물군이 있는 행성이라고 해서 시스템으로 인식되지는 않는다. 제2차 세계대전 이후에야 **지구** 기후(지구 시스템의 요소들 중 하나)라는 개념이 과학자들에 의해 널리 받아들여졌다는 사실을 주목할 필요가 있다. 추측에 근거한 일부 문헌을 제외하면 그 이전에 '기후'는 국지적 현상으로 간주되었다. 19세기에 '기후'는 한 지역 혹은 한 국가에 나타나는 장기간의 평균 날씨로 이해되었다. 1961년에 출간되어 널리 읽힌 대중 안내서만 보더라도, 극지방과 열대지방 사이의 날씨가 너무 변덕스러워 "지구 기후라는 개념은 이치에 맞지 않는다"고 주장하는 내용이 나온다.[16] 1970년대까지만 해도 기후학은 규모 면에서 제한적이고 주로 지리학의 한 부문으로 여겨졌으며, 지역 날씨에 관한 통계 자료를 집계하는 연구에 국한되었다.[17]

1990년대와 2000년대에 완전하게 부상한 지구 시스템에 관한 새로운 사고체계는 지구라는 전체 행성을 단순히 부분들의 합으로 보지 않는다. 지구 시스템 과학은 지구를 복잡하고 진화하는 단일한 시스템으로 이해하는 통합적 메타과학이다. 이는 지구과학과 생명과학을 융화하는 초학문적이고 전체론적 접근 방식일 뿐만 아니라 시스템의 비선형역학에 특별히 초점을 맞춘 시스템적 사고방식 내에서 일어나는 인류의 '산업물질대사'다.[18] 이런 생각은 생태적 사고를 대체하는, 지구에 관한 뚜렷하게 다른 새로운 사고방식에 해당된다.[19] 1960년대와 1970년대에 완전하게 부상한 생태적 사고는 유기체들 간의 관계, 그리고 유기체 집단과 주변 환경과의 관계를 다루는 생명과학이다. 이러한 생태학은 국지적인 것을 연구한다. 지구 시스템 과학은 지구를 하나의 총체적 시스템으로 연구한다.

결정적으로 지구 시스템(Earth System)이라는 새로운 개념은 '지형' '생태계' '환경' 같은 이전의 연구대상들을 망라하며, 초월한다. 이때 지구는 행성의 중심핵에서 대기, 달에 이르기까지 서로 연결된 주기와 힘에 의해, 그리고 태양의 에너지 흐름에 의해 끊임없이 움직이는 상태에 놓인 전체로서 파악된다. 지구 시스템은 하나의 역동적이고 통합적인 시스템이지 생태계를 모아놓은 개념이 **아니다.**

앞으로 살펴보겠지만 지구 시스템을 새로운 연구대상으로 인정하지 않음으로써 이전 연구대상들과 뒤섞이며 엄청난 혼란이 야기되고 있다. 지구 시스템 과학은 생태적 사유를 대체하는 지구 시스템적 사유라기보다는 지구 시스템이라는 새로운 대상에 관한 사고체계를 정립하기 위한 명칭이라고 하는 것이 더 정확할 것이다. 지구 시스템은 생태학적 개념이 적용되기에 적합한 동일한 대상이 아니다. 생태학에서 가리키는 지역 환경들이 모두 모여서 '지구 환경'을 구성할 때에도 두 개념 사이의 격차는 여전히 존재한다. 생태학에서 말하는 지구 환경은 지구 시스템이 아니다. 인류세는 국지적인 생태계에 인간이 야기한 혼란이 더욱 심각해진 국면을 가리키는 새로운 이름이 아니다. 인류세라는 개념은 생태계 교란을 뛰어넘어 지구 시스템의 균열을 인식하는 질적 도약을 포착하기 위해 고안되었다.

토마스 쿤(Thomas Kuhn)이 1962년 그의 획기적인 저서 《과학혁명의 구조》(*The Structure of Scientific Revolutions*)를 출간한 이

후, 분석가들은 다양한 과학 분야에서 '패러다임의 전환'을 찾아내기 위해 혈안이 되었다. 지구 시스템 과학의 경우야말로 이에 해당한다고 보이는 타당한 이유가 있다. 뚜렷하게 구분되는 일련의 추정과 사고패턴을 패러다임이라고 규정한다면, 지구 시스템 과학이 이 기준에 부합한다는 데에 의심의 여지가 없을 것이다.

그 릇 된   과 학 적   해 석

앞으로 살펴보겠지만 인류세에 관한 사회과학자들의 논평 중 대다수는 인류세라는 개념과 관련된 과학 지식을 잘못 이해한 데서 출발한다. 그들의 혼돈을 전혀 납득할 수 없는 것은 아니다. **과학자들**의 분석 중 상당수도 동일한 오해에서 시작된 경우가 많기 때문이다. 지구 시스템 과학자가 아닌, 이 주제와 관련해 글을 쓰는 대다수의 과학자들은 오래된 학제적 시각으로 새로운 개념을 해석한다. 그러나 인류세를 이해하고자 한다면 지구 시스템의 관점에서 사유하는 법을 배운 과학자들의 말에 귀를 기울여야 한다.

패러다임을 전환하는 메타과학으로서 지구 시스템 과학의 뚜렷한 특징은 인류세가 시작된 시기를 둘러싼 논쟁에서 더욱 명백하게 드러났다. 이 논쟁들은 지구 시스템 과학과 기존의 지리학, 지질학, 생태학의 사고체계 사이에 놓인 격차를 보여주었다. 따라서 기존의 과학적 사유들을 지구 시스템 전체에 적용하는 것은 적절하지 못하다. 지구 시스템이라는 개념, 즉 대기권, 수권(물이 차지하는 부분), 설빙권(얼음으로 덮인 부분), 생물권(생물과 그 주변 환경), 지권(지각)을 아우르는 '권역들'의 공진화를 강조하는 개념을 제대로 파악하기 위해서는 일종의 게슈탈트 전환(gestalt shift), 즉 한 번에 '아하!' 하고 깨우치는 순간이 필요하거나 혹은 일반적으로는 여러 번의 작은 깨달음을 얻는 순간을 거쳐야 한다. 이런 깨달음이 없다면, 지구는 인간에 의해 변형되는 생태계들의 총합 정도로 이해되고 만다. 이러한 게슈탈트 전환이 일어나지 않은 상태에서는 지질학이나 고고학, 고인류학, 생태학, 인문지리학의 전통을 잇는 기존 학문의 오래된 사고체계 내에서 인류세라는 개념을 해석할 소지가 있다.

아니나 다를까 인류세라는 개념이 제기된 직후 수많은 과학자와 사회과학자들이 인류세에 관한 해석을 내놓기 시작했다. 그들은 대체로 부지불식간에 새로운 시대의 의미와 그 시대가 인류와 지구에 가할 수 있는 위협을 **축소**했다.

지구 시스템 과학자들이 처음 인류세라는 개념을 언급했을 때, 그들은 인류세의 시작점을 18세기 후반으로 보았다. 이 시기에 엄청난 양의 석탄을 연료로 사용함에 따라 대기 중 온실가스 농도가 현재 감지할 수 있을 정도로 증가했고, 따라서 오늘날의 지구온난화가 시작되었다. 2003년 고기후학자 윌리엄 러디먼(William Ruddiman)은 홀로세에서 인류세로의 전환이 산업혁명과 함께 18세기 말에 일어난 게 아니라 5천-8천 년 전 산림 개간과 농업이 시작됨에 따라 대기권에 이산화탄소와 메탄의 농도가 증가하며 일어났다고 주장하는 논문을 발표했다.[20] 러디먼의 데이터 해석은 설득력이 떨어지는 것으로 밝혀졌다. 5천-8천 년 전 사이에 인간이 (자연경관이 아니라) 지구 시스템에 미친 영향력은 데이터 상에서 식별할 수 없을 뿐 아니라 홀로세의 안정적인 상태를 뒤엎을 정도로 크지 않았다. 기후변화에 관한 정부간 협의체 또한 증거를 검토한 후 같은 결론에 도달했다.[21]

러디먼의 관심은 과학 분야에 머물러 있었지만 그의 주장과 관련한 논란은 다양한 분야에 영향을 미치고 있다. 일례로 문명이 발생한 이후부터 인간이 행성에 힘을 미치는 존재였다면, 산업화와 엄청난 양의 화석연료 연소가 인간의 활동에서 근본적으로 새로운 현상이었다고 말할 수 없으며 지구 역사의 균열이라고도 볼 수 없다. 인간이 수천 년에 걸쳐 지구 시스템을 변모시켜 왔다면 그렇게 하는 것이 우리의 본성인 셈이다. 따라서 기술 산업에 대한 오만과 더불어 특정 형태의 사회적 조직으로 인한 결과가 아니라 '자연적으로' 발생한 사건이라고 인류세를 해석할 위험이 있다.

다른 한편에서는 다수의 과학자들이 인류세를 인간이 자연경관 혹은 생태계에 지속적으로 미쳐 온 영향을 가리키는 또 다른 명칭에 지나지 않는다고 해석한다. 얼 엘리스(Erle Ellis)는 수천 년간 인간이 "지상 생물권을 재형성해 온" 이후 "지난 1만 1천 년에 걸친 홀로세 전체가 인류세로 개명한 것에 불과할 수 있다"고 주장한다.[22] 그러나 지구 시스템 과학자들은 이 새로운 세를 홀로세와 **대조를 이루는** 지질학적 세로 받아들인다. 엘리스는 믿을 수 없게도 인간이 파괴력을 지닌 존재가 아니라 "생물권의 한결같고 영구적인 관리인"이었다는 견해를 옹호한다. (인간이 멸종시킨 수천의 생물종 앞에서 이런 주장을 펼쳐보라.) 지구 시스템 과학의 선도적인 주창자 중 누구도 지상 생물권의 변화가 단독으로 새로운 세를 초래할 수 있다고는 믿지 않는다. 식생과 경관생태학까지 고려해 봐도 그럴 가능성은 더욱 없다. 생물권에 대한 제각각 다른 이해들을 살펴본 후 두 명의 지구 시스템 과학자는 "지상 생물권은 행성 차원의 극적 변화가 시작되는 티핑 포인트(tipping point, 작은 변화들이 어느 정도 기간을 두고 쌓여, 작은 변화가 하나만 더 일어나도 큰 영향을 초래할 수 있는 상태가 된 단계-옮긴이)를 찾을 수 있는 적절한 별개의 권역이 아니며, 진화를 포함해 지구 시스템의 결합된 역학을 전체적으로 고려해야 한다"는 결론을 내린다.[23]

또 다른 논문에서 (지구 시스템 과학자가 아닌 경관생태학자인) 엘리스는 동물의 가축화, 유전자 조작, 화석연료의 연소, 질소순환의 변화, 인공조명, 토양 경작, 원자력, 굴토 작업, 물질의 이동을 망라하는 인간의 영향력에 관한 목록을 나열한 뒤, 이 모든 요인이

"하나로 결합해 지구가 지질연대의 새로운 세, 즉 인류세에 진입하도록 전환시키고 있다"고 서술한다.[24] 이런 관점에서 보면 인류세는 전혀 새로울 게 없으며 걱정할 사안도 아니다. 곧 살펴보겠지만 실제로 엘리스는 인류세를 **환영하는** 정치적 보수주의자에 속한다.

인류세의 시작 시기를 둘러싼 논쟁 중 고고학에서 보는 관점 또한 지구 시스템 과학이 출현하기 이전의 이해에서 출발한다. 저널 〈인류세〉(*Anthropocene*)에 발표된 "인류세의 시작"이라는 제목의 논문 초록은 이렇게 시작한다.

> 인류세의 시작 시기에 대해 각기 다른 여러 주장이 제기되었다. 이는 인간 사회가 처음으로 지구의 생태계들을 형성하는 데 중대한 역할을 하기 시작한 시기에 대한 다양한 학제적 관점과 기준을 반영한다.[25]

바로 이어지는 다음 문장을 읽지 않아도 저자들이 새로운 세를 완전히 오해하고 있음을 알 수 있다. 새로운 세가 언제 시작되었는지에 대한 결론에도 오류가 있다. 생태계를 말할 때 복수형 접미사 '들'을 붙인 것만 봐도 오류는 드러난다. 인류세는 인간이 처음으로 "지구의 생태계들을 형성하는 데 중대한 역할"을 하게 되면서 시작된 것이 아니다. 인간이 처음으로 전체로서의 지구, 즉 서로 긴밀하게 연결되어 있는 대기권, 수권, 설빙권, 생물권, 지권으로 이루어진 복잡한 하나의 시스템으로 진화한 지구를 형성하는 데 중대한 역할을 하게 되면서 인류세는 시작되었다. 생태계 변형이 지구 시스템을 구성하는 권역에서 나타나는 혼란의 일부라는 사실을 제외하면, 인류세의 핵심은 생태계 변형이 아니다.

고고학자들은 "생태계 공학이나 적소구축(niche construction, 유기체가 자신의 주변 환경을 변형시켜 생존력을 높인다는 개념-옮긴이) 행동과 관련한 유의미한 인간의 능력을 뒷받침하는 증거가 전 세계에 고고학적 기록으로 처음 등장했던 시기를 기준으로 인류세가 언제 시작했는지 밝혀낼 수 있다"고 주장한다. 이 행동들은 식물을 재배하고 동물을 길들이기 시작한 1만 년 전으로 거슬러 올라간다. 이와 유사하게 인류세의 시작을 곡해한 또 다른 두 명의 고고학자들은 그들에게 익숙한 시각을 통해 인류세는 "인간의 지리적 확대"로 인해 5만 년에 걸쳐 이어진 "복잡하고 연속된 시기"의 일부에 지나지 않는다고 생각한다.[26]

고고학적 시각에서 인류세는 식물과 동물을 길들이던 때에 시작된 것이다. 엘리스의 경관생태학적 시각은 경관의 변화를 뒷받침하는 증거를 토대로 인류세를 이해하려고 한다. 하지만 두 관점 모두 인류세의 개념이 포착하고 있는, 인간이 지구 시스템에 미치는 영향의 중대성과 **변화된 본질**을 축소하게 한다. 그들의 시각은 자칫 독자로 하여금 인류세가 자연환경과 인간의 관계에 대한 기존의 이해를 새롭게 표현하는 흥미로운 방식에 불과하다고 믿게 만드는 경향이 있다. 하지만 1980년대와 1990년대에 인류가 지구 시스템에 미치는 새로운 역할을 이해하는 방식으로서 지구 시스템 과학이 등장하지 않았더라면, 인류세라는 개념 또한 애초에 착안되지 못했을 것이다. 이는 전통적인 환경과학에서 말하는 '인류가 지구에 미치는 영향'과는 뚜렷이 구분되는 것이다.

사회지리학적 시각을 통해서도 인류세의 본질과 중대성을 잘못 해석할 수 있다. "콜럼버스의 신대륙 발견 이전의 인류세 가설"로 알려진 이론에서 사이먼 루이스(Simon Lewis)와 마크 매슬린(Mark Maslin)은 남아메리카의 식민지화, 질병의 유입, 인구 감소, 산림 재성장, 대륙 간 교역, 생물종의 이동, 대기 중의 꽃가루 계측을 아우르는 복잡한 설명을 근간으로 새로운 세의 시작을 1610년이라고 주장하며, 이러한 현상들이 모두 그 해 대기권의 이화탄소 농도가 다소 감소한 것과 관련이 있다고 말한다.[27] 그러나 이런 분석은 이산화탄소의 감소[sic, 다른 곳에서 인용하는 내용에 오류가 있을 경우 그것을 알지만 원문 그대로임을 나타내기 위해 쓰는 표현-옮긴이]가 지구 시스템의 기능을 변화시켰다거나 인간의 활동에 의해 야기되었다는 것을 수치상으로 입증하지 못했다. 여러 지구 시스템 과학자들의 지적에 따르면, 산업화 이전의 홀로세 동안 그에 비견되는 대기 중 이산화탄소 농도 감소 현상이 다수 일어났고, 10ppm에 해당하는 농도 변화는 홀로세 기간 동안 자연적인 변동성의 범위 내에서 충분히 발생할 수 있는 정도다. 1800년의 280ppm에서 오늘날 400ppm으로 이산화탄소 농도가 급증한 상황을 제외하면, 그 밖의 농도 변화는 미미한 수준에 불과하다.

마지막으로 토양과학자들도 이 논쟁에 가세했다. 그들은 인류 발생과 관련된 토양의 변형을 증거로 내세우며 인류세의 시작이 2000년 전으로 거슬러 올라간다고 주장했다.[28] 그러나 토양학의 주장 또한 새롭게 제기된 인류세의 정의를 완전히 오인한 데서 출발한다. "인류세란 인간의 활동이 자연경관과 환경을 변형하는 데 있어 지배적인 작용까지는 아니라고 해도 영향력이 큰 요인으로 작용하는 시대를 뜻한다." 또 다른 두 명의 토양과학자들은 이 주장을 맹비난했다. 그러나 그들도 인류세를 "지표면에 미치는…인간으로 인한 중대한 환경적 영향"[29]으로 해석하며 본질적인 오류를 반복하고 있다. 다시 한 번 강조하지만 '경관'도 아니고, '환경'도 아니고, '지표면'도 아니다. 전체로서의 지구 시스템이다.

저명한 저널에 논문을 발표하는 상당수의 과학자들조차 인류세의 기본 정의를 자연경관에 남긴 '인간의 흔적' 정도로만 오해하고 있다. 이는 수많은 과학자들이 지구를 이해하는 방식을 변화시키기 위해 지구 시스템 과학이 가야 할 길이 얼마나 먼지를 보여준다. 생태학, 사회지리학, 고고학, 토양학의 시각에서 공통으로 나타나는 인류세에 대한 잘못된 해석의 특징은 (수세기 혹은 수천 년 동안 지속된 자연경관이나 생태계의 변화로 새로운 세를 인식함으로써) 인류세를 근대의 산업화와 화석연료의 사용과 관계가 없는 것으로 분리시킨다는 점이다. 이런 방식으로 그들은 인류세가 지구 역사의 **균열**을 나타낸다는 사실을 부정하고, 인류세에 내재된 위험한 본질을 덜어낸다. 인류세가 온화한 시대로 탈바꿈되는 것이다.

특이하게도 인류세에 대한 그릇된 과학적 해석들은 사회과학과 인문학의 일부 분석가들이 내놓은 견해와 일치한다. 이 분야에서 중요한 저작인 《인류세의 충격》(*The Shock of the Anthropocene*)에서 역사가 크리스토프 보뇌이(Christophe Bonneuil)와 장 밥티스트 프레소즈(Jean-Baptiste Fressoz)는 인류세를 언급하는 이들이 "인류가 지구를 변화시키고 있다는 사실을 갑자기 발견한 순진한 소녀처럼 행동해서는 안 된다"고 주장한다.[30] 그들에 따르면, 새로운 지질시대는 "긴 역사"를 가졌으며, 사실상 "환경 교란"의 또 다른 용어일 뿐이므로 이미 18세기에 "인류세 사회들"이 존재했다.[31] 이 주장은 초기 산업화로 인한 생태계 훼손과 더불어 지질연대학에서 발견한 최근의 균열을 일축하며, 이로 인해 새로운 무언가가 발생했다는 사실을 효과적으로 부정한다. 이런 접근방식의 위험성은 새로운 상황을 과거의 연속에 불과한 것으로 묘사함으로써 새로운 과학질서를 간과하고 시대에 뒤떨어진 사회적 분석과 전략을 이미 구시대의 체제에서 벗어난 세계에 적용한다는 데 있다. 인류세라는 균열은 완전히 새로운 정치적 사유를 필요로 한다. 1848년 혁명의 해에 비유해 보자면, 칼 마르크스(Karl Marx)가 당시의 상황이나 정치적 반응을 이해하기 위해 과거 농민반란의 교훈을 숙고해 보자고 주장하지는 않았을 것이란 말이다. (이안 앵거스는 인류세에 대해 마르크스에 비견되는 혁명적 견해, 즉 정치에 대해 어떤 생각을 가지고 있든 간에 지구 시스템이라는 새로운 과학에 충실해야 한다는 견해를 제시한다.[32])

새로운 지질시대가 인간으로 인한 환경의 교란을 나타내는 다른 이름에 불과하다는 견해는 최근 법학 교수인 제레디아 퍼디(Jedediah Purdy)에 의해 되풀이되었다. 그는 이 주제를 다룬 과학 논문은 **전혀** 읽어보지도 않고 "자연의 죽음"을 운운하는 두꺼운 책을 펴낸 것으로 보인다. 그는 논문 대신 1854년에 소로(Henry David Thoreau)가 발표한 초월주의 문학의 고전《월든》(Walden)에서 새로운 지질학적 시대에 관한 증거를 찾는다. 그렇게 해서 퍼디는 인류세라는 개념이 "과학적인 과시적 표현들에도 불구하고" 실상은 "문화적 개념"이라는 낭패스러운 포스트모더니즘적 주장으로 시작해 책의 나머지 부분을 "미국인들이 그들의 자연경관을 형성해 온 과정에 대한 역사"와 그로 인해 발생한 개념들에 할애할 수 있었다.[33] 다시 말해 그는 새로운 지질시대가 실제로 시작되기도 전에 새로운 시대에 대한 역사를 구축한 것이다.

이러한 본질적인 실패의 원인은 지구 시스템 과학이라는 패러다임의 전환을 인식하지 못했기 때문이다. 일부 과학자들은 인류세를 그들이 익숙한 과거의 학문체계 내에서 해석한다. 오랜 역사를 지닌 학문을 부정하려는 것은 아니다. 자연경관, 생태계, 환경과 같은 오래된 연구대상에 새로운 개념을 적용하는 것이 불필요하다고 말하려는 것도 아니다. 다만 새로운 연구대상, 즉 지구 시스템이 등장했다는 것이다. 지구 시스템의 출현은 지구 시스템 과학이라는 새로운 패러다임을 형성했다. 그리고 새로운 과학이 새로운 대상에 대한 이해를 구체화했다. 지구 시스템 과학자와 일부 과학 연구의 선구자들은 이를 잘 인식하고 있다. 반면 또 다른 일각에서는 지구 시스템은 물론 인류세까지 오래된 연구대상(자연경관 또는 생태계)의 또 다른 표현인 것처럼 취급한다. 또한 이와 관련된 연구를 기존의 정립된 환경 연구의 연속선상에 있는 것으로 생각한다. 그 결과 '전형적인' 과학 혁명과는 다른 양상을 보인다. 새로운 증거가 지배적인 이론을 반박하고 있는데도 새로운 현상—생태계의 경계를 초월해 전 세계적으로 작동하는 지구 시스템의 작용들—의 출현을 계기로 관심의 초점이 옮겨가지 못하는 실정인 것이다. 이런 새로운 현상은 새로운 대상을 필요로 했다. 이 때문에 새로운 개념도 필요했던 것이다.

내가 지금까지 제기한 바와 같이 새로운 대상, 즉 지구 시스템의 출현은 과학적 중요성 외에도 존재론적인 의미를 지닌다. 이는 우리가 지구를 새로운 방식으로 사유하도록 이끈다. 지구 시스템에서 제시하는 지구에서 인류는 이 행성을 구성하고 있는 끊임없이 변화하는 과정에 영향을 미침으로써 행성의 진화에도 직접적으로 참여할 수 있게 되었다. 따라서 인간과 지구를 아우르는 공동의 이야기라는 개념이 생겨났다. 이에 대해서는 이 책의 후반부에서 살펴볼 것이다.

에 코 모 더 니 즘 의   허 울

인류세에 관한 지구 시스템 과학자들의 논문(그리고 기후과학자들의 예측에 관한 저술)을 읽은 대다수는 새로운 지질시대가 산업 성장의 과정에서 초래된 결과이고, 그로 인한 피해는 심각한 정도에서 재앙을 초래하는 정도까지 다양할 것임을 이해하고 있다. 심각한 피해는 이미 자명하다. 그러나 실제로는 흥분과 기쁨의 기색을 보이며 인류세의 도래를 이구동성 **환영**하는 목소리가 커지고 있다.

 2012년, 새로운 지질시대를 주제로 처음 열린 한 대규모 학술회의장 입구에 걸린 거대한 현수막에는 이렇게 쓰어 있었다. "인류세에 온 것을 환영합니다." 나는 이 문구를 반어적 표현으로 이해했다. 그로부터 2-3년이 지난 후에야 나는 그 표현이 우울한 유머가 아니라 지구 시스템의 교란을 인류의 독창성과 기술 능력을 증명할 멋진 기회로 여기는 이들의 감정을 사실대로 표현한 것임을 비로소 깨달았다.

어쩌면 그런 흥분은 포스트모더니즘의 무질서나 부유한 국가들의 본질적인 권태, 현대 생활의 공허함에 대한 반응에서 비롯된 것인지 모른다. 혹은 숨 막힐 듯 답답한 정통 학설이 장악한 시대에 대단한 일이 전혀 일어나지 않거나 일어날 가능성이 없어 보이는 곳에서 그 어떤 도덕적 대가를 치르더라도 위험이 따르는 어딘가로 가고 싶어 하는 지식인들의 불안한 욕구인지도 모른다. 제1차 세계대전 당시 열에 들떠 전장을 향해 나선 군인들처럼, 이러한 영향력 있는 목소리들은 홀로세의 안전한 고향을 떠나 인류세라는 미지의 모험에 나서려는 포부로 가득 차 있다.

이런 유형의 과학적 모험주의는 '미래지구'(Future Earth, 미래 지구의 지속 가능한 발전을 위한 국제 연구 프로젝트-옮긴이)로 알려진 공동 연구의 기저를 이룬다. 이 국제 연구 프로젝트는 지속 가능하고 공정한 세상에서 우리 모두가 번성할 것이라고 예측한다. 일부 선도적인 지구공학 연구자들은 인간이 행성을 통제하는 역할을 맡을 것이라는 전망에 열성을 보인다. 그 중에서도 데이비드 키이스(David Keith)는 태양지구공학, 즉 지구에 도달하는 태양광의 양을 줄이기 위해 고층대기에 황산염 입자를 주입해 층을 형성하는 과학기술을 제안한 가장 선도적인 주창자일 것이다. 그는 "행성의 환경을 형성할 수 있게 된 인류의 새로운 능력"에 대해 "기쁘다"고 서술하며 지구공학 기술을 활용해 "변성하는 문명을 건설하기"를 희망한다.[34]

인류세를 개탄하거나 두려워할 게 아니라 축복해야 할 사건으로 바라보는 무리 중 가장 눈에 띄는 이들은 주로 미국에 집중되어 있는 자칭 '에코모더니스트'(ecomodernist)라고 하는 환경운동가들이다. 이들이야말로 주류 경제·정치 체제의 생각을 가장 명확하게 보여주는 전형이라 할 만하므로, 이들의 세계관을 곱씹어볼 필요가 있다. 재계와 정계의 권력 정점에 있는, 세계경제포럼이 열리는 다보스에서 모일 거라 추정되는 이들이 인류세에 대한 견해를 피력하고자 한다면, 바로 이 에코모더니스트들에게서 힌트를 얻을 것이다. [존 벨라미 포스터(John Bellamy Foster)와 그의 동료들은 에코모더니스트들을 사회과학의 가장 유감스러운 분파로 여긴다. 지배 체제에 대한 그들의 믿음과 정치적 침묵이 깊어질수록 자연과학자들이 느끼는 경악은 더욱 커져간다.[35]]

에코모더니스트에게 인류세는 인간의 오만이 낳은 위험성에 대한 결정적 증거가 아니라 자연을 개조하고 제어하는 인류의 능력에 대한 표시로 받아들여진다. 그들은 셰익스피어(William Shakespeare)의 희곡 《자에는 자로》(*Measure for Measure*)에 등장하는 이사벨라가 말한 "거인 같은 힘을 가진다는 것은 아주 좋은 일이지요"라는 문구를 마음속에 품고 있다. 그러나 뒤이어 덧붙인 "하지만 거인처럼 힘을 쓰는 것은 포악한 일이죠"라는 경고에는 귀를 기울이지 않는다. 따라서 이런 프로메테우스 같은 환경주의자들의 관점에서 인류세는 인간의 근시안적인 사고와 어리석음의 증거도 아니고, 세계 자본주의의 탐욕을 드러내는 것도 아니다. 다만 인간이 마침내 스스로의 역량을 발휘할 수 있는 기회다. 수년 전부터 그들은 **좋은** 인류세에 대해 말하기 시작했다. 즉 '인간의 시스템'이 온난화가 진행되는 세계에서 적응하고 실제로 번성할 수 있기 때문에 지속적인 인구 증가와 경제 성장에 제한을 가하는 행성의 한계선은 존재하지 않는다고 생각하는 것이다. 바로 역사가 우리 인류의 적응성을 입증하며, 인류세는 우리가 극복해야 할 또 다른 도전과제라는 것이다.

이런 관점에서 보면, 인류세에 접어들어도 자연의 한계를 뛰어넘는 것에 두려움을 느낄 필요가 없다. 인류에게 있어 원대한 새 시대를 가로막는 유일한 장벽은 자기회의일 뿐이다. 프랜시스 베이컨(Francis Bacon)의 1627년 소설 《새로운 아틀란티스》(*New Atlantis*)에서 표현되는 과학과 기술이 유토피아의 토대가 되는 미래상을 재현이라도 하듯, 선도적인 에코모더니스트인 얼 엘리스는 우리에게 인류세를 위기가 아니라 "인간이 주도하는 기회가 무르익은 새로운 지질시대의 시작"으로 바라보기를 촉구한다.[36] 기술에 대한 감상적인 비평가들과 그들이 비판의 근거로 삼는 비관적인 과학자들은 이러한 미래상을 실현하는 데 방해가 된다. 그에 따르면, 인류가 행성에서 차지하는 중대성이 더 높아지는 상태로 이행하는 과정은 "대단히 놀라운 기회"이며, "우리는 인류세에서 우리가 만들어가고 있는 행성에 대해 자부심을 느껴야 할 것이다."[37] 에코모더니즘의 중심 기관인 샌프란시스코의 두뇌집단, 브레이크스루 인스티튜트(Break-through Institute)에 의해 조직화되고 구축된 이런 미래상은 에코모더니스트 선언문에 압축되어 있다. 여기에 서명한 이들은 **좋은** 인류세라는 온건한 목표를 뛰어넘어 **"위대한** 인류세"를 꿈꾼다.

에코모더니스트들은 우리가 기후를 통제하고 지구 전체를 조정할 수 있다면, 굳이 그렇게 하지 않을 이유가 없다고 생각한다. 행성공학은 지구온난화의 틀을 재구성한다. 인간이 정도를 벗어났다는 환경운동가들의 경고는 더 이상 정당성을 갖지 못한다. 기후변화는 인류의 행성 지배 프로젝트에서 궁극의 승리를 거두는 원동력이 될 것이다. 프랜시스 베이컨은 (필요하다면 자연을 "극도로 괴롭힘"으로써) 자연의 비밀을 밝혀낸 뒤에는 자연을 인간이 조종할 수 있는 수동적 존재로 이해하면서 어떤 제약도 없이 인간의 창의적 능력을 행사할 수 있다고 여겼다. 이와 마찬가지로 에코모더니스트들은 지식과 기술력을 통해 통제할 수 있는 시스템으로 지구를 이해한다. 따라서 기후 시스템을 조작하려는 생각은 기후과학을 부정했던 내력이 있는 두뇌집단을 비롯해 보수적인 정치인들의 지지를 이끌어내고 있다.[38]

일각에서는 인간의 전지함과 전능함에 대한 에코모더니스트들의 대담한 주장을 비롯해 성장 계획의 부정적 결과들을 새롭고 높은 수준의 낙관적인 전망으로 변모시키는 그들의 능숙함에 감탄할지도 모르겠다. 휘그사관(Whig history, 자유와 계몽을 역사에서 필연적으로 발생하는 과정으로 해석하는 역사관)을 견지한 인문주의자로서 에코모더니스트는 믿음이나 정치보다는 과학에 근거해 좋은 인류세를 주장한다. 이런 점에서 볼 때 그들이 말하는 미래상은 잘못 해석한 과학 지식에 기초하고 있다. 피터 커레이버(Peter Kareiva)와 그 동료들이 펼치는 과학적 주장의 핵심은 이렇다. "자연은 회복력이 강해서 인간에 의한 가장 강력한 교란이 자연계에 일어나도 빠르게 원상으로 회복할 수 있다."[39] 생태계가 '회복'될 수 있다는 믿음이 인류세에 대한 그들의 해석에서도 이어지고 있다. 엘리스는 간단명료하게 이렇게 말한다. "인간은 극적으로 자연체계를 변화시켰다.…하지만 지구는 더욱 생산적으로 변모했고 인류를 더 잘 부양할 수 있게 되었다.… **지금까지 이러한 역학이 근본적으로 변화되었다는 증거는 거의 없다.**"[40]

사실 가장 저명한 지구 시스템 과학자들의 본질적인 통찰력은 정확히 그 반대를 가리킨다. 인간과 지구의 역학은 근본적으로 변화**했다.** 왜냐하면 지구 시스템의 기능이 전체적으로 새로운 국면에 접어들었기 때문이다. 수많은 선도적인 지구 시스템 연구자들이 말하듯이, 우리는 "그 무엇과도 유사하지 않은 상태"에 접어들었다. 지구는 이전까지 이런 상태에 놓인 적이 한 번도 없었다. '좋은 인류세'의 개념에 기반을 마련해 준 홀로세의 환경은 이제 과거지사에 불과하다. 지구 시스템의 작동이 교란되었기 때문이다. 홀로세의 어떤 환경 조건이 계속 유효하든 간에 생태계의 회복력이 강해서 인간으로 인한 어떤 교란에도 '회복'될 수 있다는 주장은 지질연대의 전환을 전혀 고려하지 않고 있다.

18세기 후반과 19세기 동안 지질학이라는 신생 과학의 지배적인 이론은 동일과정설이었다. 즉 지구는 매우 오랜 기간에 걸쳐 점진적으로 지구를 변화시키는, 느리게 작용하는 힘에 의해 형성된다는 이론이었다. 신생 과학의 연구자들은 즉각적 창조와 신에 의한 홍수 같은 성서의 설명과 거리를 둔다는 확고한 신념이 있었다. 때문에 자연에서 발생한 격렬한 사태로 인해 지구 역사의 한 시기가 다른 시기로 전환된다는 격변설과 관련한 어떤 이론도 받아들이지 않았다. 그러나 결국 대격변(이를테면 소행성 충돌로 인한 변화)에 대한 증거를 더 이상 반박할 수 없게 되자 지질학자들은 점진적인 변화가 때로는 대격변에 의해 중단될 수 있음을 인정했다. 오늘날 지질연대표에는 대단히 급작스러운 변화로 촉발된 대나 세의 전환이 다수 포함되어 있다. 당시 서식하던 대다수 생명체가 적응하지 못한 채 멸종된 대격변이 일어난 사례가 존재하는 것이다.

지질학적으로 말하면, 극히 짧은 기간에 일어난 인류세라는 사건은 격변설의 사례다. 그러므로 지구에 거대한 규모의 교란이 일어나도 지구는 회복력이 강해 원상태로 돌아올 수 있다는 에코모더니스트들의 이해는 격변설이 아닌 동일과정설에 바탕을 두고 있다. 따라서 '좋은 인류세'는 엄밀한 의미에서 시대착오적 발상이다. 지구 역사가 점진적으로 변화한다는 에코모더니스트들의 믿음은 점진적인 사회 변화에 대한 공약을 답습하고 있다. 과학계와 정치계 모두 지배적인 현 체제를 옹호하는 방식으로 인류세를 이해한다. 생태계와 미국 사회 모두가 적응력과 회복력이 뛰어남을 증명해 왔으므로 그 두 세계가 결합하여 안정성과 번영을 가져올 수 있다고 생각한다. 인간의 창의성과 기술적 해결책을 통해 생태계와 인간 사회의 두 시스템에서 일어나는 문제들을 과거에도 해결해 왔으니 미래에도 해결할 것이라고 믿는 것이다.

에코모더니스트들이 기술적 수단을 통해 "두 번째 창조"에 전념하는 베이컨의 사상을 계승하고 있다고 해도, 자연을 개조하는 능력이 신적 재능이라고 생각하는 베이컨학파의 전제조건을 따르지는 않는다는 점은 나중을 위해서라도 주목할 가치가 있다. 따라서 신으로부터가 아니라면 지구를 통제하는 권한은 어디에서 비롯된다는 것일까? 에코모더니스트들은 세속적 인문주의자로서 자연을 지배하는 권한은 인간 스스로 부여한 것이며, 이는 계몽주의 철학에 의해 최초로 인간에게 양도된 능력이라고 주장한다.

이 시점에서 나는 인류세가 지구 역사에서 매우 최근에 발생한 **균열**이며, 따라서 인간의 역사에도 균열이 일어났음을 인식

하는 과정이 얼마나 중대한지에 대해서만이라도 우선 분명하게
드러났기를 바란다.

이 름 을   둘 러 싼   논 란

인류세(Anthropocene)를 둘러싼 사회과학자와 인문학자들 사이의 논쟁에서 가장 큰 논란을 부른 것은 용어 그 자체였다. 수십 건의 논문과 책, 논평은 인류세의 출현을 인류 전반에, 즉 구분을 두지 않고 '**안트로포스**'(anthropos)에 원인을 돌리는 것에 동의하지 않았다. 그들은 주로 이름에 담긴 뜻과 그 안에 암시된 내용을 맹비난했다. 이런 비난에는 서로 관련된 두 가지 불안감이 깃들어 있다. 첫째, '인류세'라는 용어가 실질적으로 새로운 지질시대를 초래하는 데 결정적 역할을 한 북반구의 선진국들, 특히 경제적·정치적 시스템을 지배하고 있는 국가들을 따로 구분하지 않고 인류 모두에게 책임을 전가하고 있다는 것이다. 결과적으로 인류세라는 개념은 비평가들의 입을 빌리면 "소수 지정학적 세력들을 정당화하는 철학 이론으로 활용될"[41] 위험에 놓여 있다.

둘째, '추상적인 인류'의 활동에서 원인을 찾아냄으로써 모든 인간에게 책임이 있다고 한다면, 우리는 실제 역사에서 불가피하게 '종적 사고'(species thinking)로 인식을 전환해야 한다. 다시 말해, 진화하는 사회적·경제적·정치적 구조와 특히 자본주의의 역사가 아니라 인간을 하나의 종으로 보면서 인간 종의 보편적 특징을 추정하는 관점에서 사유해야 하는 것이다. 인류세라는 용어에는 인간 전체가 행성의 지배적인 힘으로 올라선다는 서사가 담겨 있다. 따라서 새로운 시대인 인류세는 일반적으로 말하는 인간 종의 본성에서 출현한 것이다.[42] 이러한 두 번째 불안과 관련해서는 2장에서 살펴볼 것이다.

이 용어를 향한 비난에 내포된 의미 중 하나는 지구 시스템 과학자들─특히 처음으로 이 용어를 불쑥 내뱉은 노벨상 수상자인 대기화학자 파울 크뤼천─이 실수를 저질렀으며, 자신들의 주장에 담긴 정치적 함의를 이해하지 못했다는 것이다. 마르크스주의 비평가 제이슨 무어(Jason Moore)는 과학자들이 "자본주의의 역사적 특수성을 지워버리는" 결과를 낳은 이름이 아니라 "실제 존재하는" 역사적 관련성을 민감하게 고려해 더 적절한 이름을 택했어야 한다고 주장한다.[43] 그는 지질학적 시대를 구분하는 명명 행위가 사회학의 소관이라도 되는 듯 과학자들이 만든 결함이 있는 신조어를 자신이 명명한 '자본세'(Capitalocene)로 대체한다.

기본적인 주장을 밝히는 것은 가치가 있지만 크뤼천이 만든 용어에 대한 비난은 더 깊은 질문에서 주의를 돌리게 만들었다고 나는 생각한다. 애당초 '인류세'라는 용어는 그대로 유지되어야 한다. 사회과학자들은 이름에 내포된 함의에 대해 자유롭게 발언할 수 있지만 그들의 역할은 어디까지나 새로운 지질시대가 촉발한 힘들을 분석하는 것이다. 홀로세의 뒤를 잇는 세를 포함해 지질연대표에서 사용되는 시대 단위의 이름을 짓는 일은 국제층서위원회에 의견을 제출하는 과학자들의 몫이다. 우리는 과학자들이 "정치적으로 중립적인" 용어를 택할 거라 기대할 뿐이다. (물론 정치적으로 중립적인 것처럼 보일 뿐이다.) 이에 덧붙여 인류세 과학의 중심에 있는 과학자들 중 일부는 새로운 세가 시작된 근원이 유럽의 자본주의적인 산업화에 있으며, 이러한 추세가 소비지상주의의 만연과 화석연료 로비의 영향력으로 인해 제2차 세계대전 이후 놀랄 만큼 가속화되었다는 사실을 충분히 인지하고 있다. 또한 과학자들이 이를 숙지하고 있는 이유는 인류세의 원인 및 영향과 관련해 극심하게 불균형적인 지역별 분포에 대한 통계자료를 연구하고 있기 때문이다. 하지만 일부 과학자들이 이를 해결하기 위한 방안에 대해 불필요한 공언을 하고 있는 것도 사실이다. 파울 크뤼천의 경우, 영향력이 큰 발표문의 말미에 인류세에 대한 해결책을 과학과 지구공학을 포함한 공학에서 찾을 수 있다고 제안한 것에 대해서는 질책을 받아 마땅

하다.[44]

　용어를 둘러싼 불안은 사회과학과 인문학 분야에서 지속되고 있는 '기호학적 전환'(semiotic turn)의 영향과 함께 언어의 힘을 강조하는 추세를 반영한다. 물론 언어는 중요하다. 하지만 언어보다 훨씬 더 강력한 힘이 존재한다. 따라서 과학자들의 용어 선택을 고지식하다고 비난하는 것은 새로운 세의 이름을 짓는 지구과학의 우선권을 암암리에 특정 사회과학의 권리로 대체하려는 의도를 내비침으로써 지질연대표에 들어갈 새로운 시대 단위의 이름을 선택하는 행위의 중요성을 강조하는 셈이 된다. 이런 식으로 사회과학은 인류세라는 발상이 오랫동안 우리가 반복해서 말해 온 개념을 포착하는 또 다른 방법에 불과하다고 말한다. 사회 세계뿐 아니라 물리적 세계에서 **균열**이 일어났다는 것을 아직 완전히 이해하지 못한 학자들만이 인류세를 이러한 방식으로 볼 것이다.

　일부 역사학자들은 오늘날 "우리가 살고 있는 지질시대의 이름을 짓는 주체가 더 이상 역사학자가 아니라 지구 시스템 과학계"라고 불평하며 새로운 지질시대를 그들의 학문 분야에 적용해 개선하고자 한다.[45] 이는 인식론적 오류일 수밖에 없다. 인류세는 **지질학적** 시대이지 사회적·역사학적 시대를 뜻하는 게 아니다. 지질학적 역사와 인간의 역사가 하나로 합쳐져 수렴된다고 해서 지질학이 사회과학이 되는 것은 아니다. 역사적 시대는 다양한 방식으로 최근의 지질학적 역사와 연결될 것이고, 새로운 지질학적 시대는 우리가 역사에 대해 생각하는 방식에 영향을 미칠 것이다. 그러나 지질연대학과 인류 역사를 합치다 보면, 지구 시스템 기능의 변화가 사회적 관계의 변화로 설명될 수밖에 없는 경로로 이어지기 마련이다. 물론 우리는 산업혁명이 그 이전의 변화들(상업적 자본주의, 식민주의, 대서양 횡단 교역)에서 비롯된 결과임을 이해하고 있다. 하지만 19세기까지만 해도 지구 시스템의 교란을 감지할 수 있는 징후가 전혀 없는데도 불구하고 (무어처럼) 인류세가 16세기에 시작되었다고 주장하는 것은 과학적 사실을 송두리째 무시하는 것이다. 이는 인문학과 사회과학의 발전에 내재된 불안을 시사한다. 무어가 인류세의 "근본적으로 부르주아적인 특징"을 규탄하는 순간,[46] 이러한 경향은 실소마저 터뜨리는 극단적인 지경에 이른다.

앞에서 언급한 모든 주장 외에도 인류세가 특정한 구분 없이 안트로포스, 즉 인류 전체에게 책임이 있다고 말하는 데는 더 현실적인 이유가 있다. 과거에는 새로운 지질시대를 촉발한 책임의 상당 부분이 유럽과 미국에 있었다 해도 이제는 더 이상 그렇지 않다. 기후변화만 살펴보더라도(지구 시스템 교란의 경우도 인간이 원인을 제공했다는 점에서 동일하지만) 14억 인구 중국의 **평균** 탄소배출량은 현재 유럽과 거의 동일하다. 중국의 연간 온실가스 배출량은 현재 미국의 배출량을 훌쩍 뛰어넘으며, 중국의 전체 누적 배출량은 곧 미국의 배출량을 넘어설 전망이다. 중국의 뒤를 잇는 13억 인구의 인도까지 가세하면(두 나라가 세계 인구의 약

40퍼센트를 차지한다), 21세기 중반에 이르러 개발도상국들은 동시대의 수치와 과거 누적된 수치 모두에서 북반구의 선진국들보다 전 세계 기후 시스템에 입힌 훨씬 큰 피해에 대해 책임을 져야 할 것이다. 이는 개발도상국들이 빈곤에서 벗어나 풍요로운 삶을 추구하는 과정에서 환경에 피해를 가한 북반구의 모델을 그대로 답습해 일어난 결과다. 아무리 늦어도 2050년 무렵에는 '인류세'에 대한 반론들이 시대에 뒤떨어진 의견이 될 것이다. '인류세'라는 용어가 처음 만들어진 당시에는 그것이 유럽 중심적인 발상이었지만 현재는 중국-북미-유럽 중심의 개념이며, 10년에서 20년 후에는 인도-중국-북미-유럽 중심의 개념이 될 것이다.

상황이 이렇다고 해서 북반구의 선진국들이 역사적 책임에서 벗어나지는 못한다. 또한 위험성이 명백하게 드러난 때 수치스럽게도 소극적으로 대처한 행보에 대해서도 책임을 물어야 한다. 그러나 선진국과 개발도상국을 구분하던 과거의 세계가 사라지고 있음 또한 받아들여야 한다. 일각에서는 이런 반응을 보일지도 모른다. "무슨 말인지 알겠지만 그래도 중국의 탄소배출량 중 상당 부분이 북반구의 선진국에 수출되는 소비재를 생산하는 과정에서 이뤄지기 때문에 계산에 넣으면 안 된다." 이런 주장의 의도는 기후변화의 원인을 계속해서 선진국과 그러한 국가들이 구축하고 여전히 힘을 발휘하고 있는 자본주의적 세계 체제에 전적으로 돌림으로써 선진국에 착취당하는 개발도상국이라는 중국의 상황을 공고히 하려는 것이다. 하지만 중국의 사례는 식민지에서 벗어난 이후에도 개발도상국들의 계속된 종속을 설명하기 위해 1960년대와 1970년대에 형성되어 훗날 세계체제분석으로 정교하게 발전한 '종속이론'을 버려야 할 시점임을 보여준다(세계체제분석에 따르면, 세계는 노동력과 자본으로 나뉘는 국제 분업구조로 구성되어 있어 부유국의 '핵심부'가 빈국의 '주변부'를 착취한다). 우선 수출품 제조로 인해 발생하는 중국의 탄소 배출 비율은 대략 30퍼센트였으나 중국이 자국의 경제 방향을 국내 소비 쪽으로 바꾸면서 그 비율은 줄어들고 있다. 따라서 해가 거듭될수록 이러한 주장의 근거는 희박해진다. 또한 중국은 순수하게 자국 통치권을 발휘해 수출 주도 산업화 전략을 **택했다**. 이는 자국을 풍요롭게 하는 가장 빠른 방식으로 채택한 길이었다. 선진국의 기업들이 중국에 더러운 공장을 세우라고 강요한 것이 아니었다. 중국이 저임 노동력을 흡수하는 수단으로 공장 설립을 허가했다. 외국계 기업들은 가장 세력이 큰 기업들조차 완고한 중국 기업 앞에서 속수무책인 상황에 놓인 경우가 많았다. 게다가 미국이 자금을 조달하기 위해 발행한 채권의 상당 부분을 중국의 중앙은행이 보유하고 있으며, 2008년에 밝혀진 바에 따르면 재정 위기에 대한 미국의 대처 능력은 중국에 진 채무로 인해 혹독하게 제약받았다. 1990년대와 2000년대 중국의 놀라운 경제 성장과 그에 따른 엄청난 양의 온실가스 배출을 신식민주의의 영향으로 규정하는 것은 실제 역사보다 과격한 비판을 우선시하는 것이다.

여담으로 추가하자면 중국 외에도 통치권을 주장하는 개발도상국들에 대한 역사적 사례들이 있다. 1960년대에 한국은 '후진성'을 극복하기 위해[47] 수출 주도의 산업화와 현대화를 통해 성공적으로 독자적인 노선을 추구했다. 한국의 경제정책은 (한국전쟁 이후 상당한 영향력을 행사했던) 미국의 강요에 의해 수립된 것이 아니었다. 또한 한국이 타의에 의해 부유한 나라의 환경오염 산업을 받아들인 것도 아니었다. 한국 정부는 적극적으로 그러한 산업을 받아들이기 시작했다. 실제로 당시 군부 독재자인 박정희 대통령 정권 하에서 한국은 전통적인 수출물품(쌀과 생사(raw silk)]에 주력하라는 세계은행(World Bank)과 미국의 요구를 거절했다. 대신 국가가 지원하는 수출 주도의 제조업에 투자했다. 이런 결정을 실행에 옮기기 위해 당시 박 대통령은 재계의 유력 인사들을 불러놓고 무역 사업에서 자본을 빼내 제조업에 투자하지 않으면 그들을 투옥시키겠다고 말했다. 한국은 의존국이 아니었다.

따라서 중국의 방대한 온실가스 배출은 "세계 사회에서 권력, 교환, 분배의 불평등한 관계"[48]의 산물과는 거리가 멀며, 중국의 자주권을 드러낸다. 세계에 영향을 미치는 힘과 경제력 측면에서 미국과 비교했을 때 중국이 우위를 점하게 되었다. 이런 상황은 유럽과 비교하면 더욱 확연해진다. 중국 기업들이 아프리카의 여러 국가에서 방대한 규모의 땅과 자원을 사들인 것이 그 증거다. 중국의 석탄연료 기반 성장은 다른 나라에 대한 **과도한** 권력을 중국에 부여했다. 중국을 착취당하는 개발도상국 범주에 계속 포함시키려는 시도는 반박의 여지가 없는 이러한 사실들과 대치된다. 국제적인 기후변화 회의들에서 개발도상국들 간의 분열이 뚜렷하게 드러난 지도 꽤 되었다. 2009년 코펜하겐에서 열린 기후변화회의에서 중국은 자국의 경제적·지정학적 이익을 가차 없이 추구하고자 하며 군소 도서국가와 기후변화에 가장 취약한 국가들과 사실상 선을 그었다. 1950년대와 1960년대에 등장한, 세계를 선진국과 개발도상국으로 나누는 도식적 이해는 역사에 의해 뒤집혔다. 이제 인류세라는 **균열**이 도래함으로써 사회과학은 새로운 이론을 정립해야 하는 과제에 직면했다.

위의 논거들이 중국 또한 산업화로 인한 환경 파괴에 책임이 있음을 독자들에게 납득시키지 못할 수 있다. 그러나 마지막 논거가 남아 있다. 수출품 제조 과정에서 발생하는 중국의 탄소배출량은 선진국들이 소비하는 물품을 위한 것이기 때문에 계산에 넣지 않는다고 가정해 보자. 그렇다면 수출을 목적으로 철광석, 니켈, 알루미나, 석탄을 생산하는 과정에서 발생하는 오스트레일리아의 탄소배출량은 어떻게 해야 할까? 이러한 자원을 수입하는 중국과 인도의 소비자들이 오스트레일리아의 탄소배출량에 책임이 있는 것일까? 실제로 많은 이들은 오스트레일리아가 석탄을 캐고 운송하는 과정에서 발생하는 탄소 배출뿐만 아니라 수출된 석탄이 다른 나라에서 연소하는 과정에서 발생한 탄소 배출에 대해서도 책임을 져야 한다고 믿고 있다.

해가 갈수록 인위적 원인에 의한 기후변화의 책임이 선진국에서 개발도상국으로 옮겨가고 있다. 여기서 '책임'은 국제적인 온실가스 측정 시스템뿐 아니라 도덕적 계산을 통해서도 평가된다(이와 관련된 장부는 역사적 기억 속에 봉인되어 있다). 아직 가야 할 길이 남아 있지만 광범위하게 산업화가 진행되고 있는 개발도상국들은 선진국과 마찬가지로 다른 방식을 택할 수 있는 역량이 증가되고 있다. 실제로 중국을 선두로 한 몇몇 국가들은 선진국에 버금가는 역량을 갖추고 있다. 파울 크뤼천이 인류세라는 신조어를 통해 북반구 선진국들의 잘못에 대해 인류 전반을 은연중에 탓하는 우(愚)를 범하고 있다면, 최악의 경우라 해도 20-30년 정도 앞서 있다고 비난할 수는 있을 것이다. 중국과 인도를 비롯한 다른 개발도상국들이 추구하는 자본주의적 근대화 모델이 철저하게 유럽에서 기원한 것은 사실이며, 이를 이해하는 것은 매우 중요하다. 하지만 '인류세'라는 용어에서 **인류**라는 표현이 유럽이라는 기원을 감추고 있다고 해도, 오늘날 **인류**를 언급할 때는 중국적 특징들을 포함시켜야 할지도 모른다.

실질적인 근거를 바탕으로 특별한 구분 없이 **인류**라는 용어를 사용해 새로운 지질시대의 이름을 정하는 것을 옹호하고 있지만, 이 장에서 포석을 깔면서 이 책 전반을 통해 전개할 더 심도 있는 이유가 있다. 인류세라는 개념이 지구과학이라는 새로운 학문에서 출현한 것이라면, 지구과학의 핵심 통찰은 더 이상 지구를 생태계, 자연경관, 집수구역 등의 집합이 아니라 전체적으로 기능하는 단일한 시스템으로 인식하는 것이다. 지구 시스템이라는 관점에서 보면, 지구상에는 선진국과 개발도상국 사이의 구분은 물론 국가나 문화, 인종, 성의 구분 또한 없다. 그저 지구 시스템을 교란하는 크고 작은 힘을 가진 인간들이 존재할 뿐이다. 인류세가 지구사 전체의 균열이라면, 이는 인류사 전체의 균열이기도 하다.

전체로서의 지구 시스템보다는 생태계에 관심을 고정하는 것이 특정 종류의 환경문제에 대응하는 유일한 방법일 때가 있는 것처럼, 인간들 사이의 **구분**에서 시작하는 것이 세계에서 일어나는 온갖 종류의 문제를 이해하는 데 필수적임은 두말할 나위 없다. 회의적인 독자라면 이렇게 반문할지도 모르겠다. "아주 그럴듯하지만, 지구 시스템에서 인간들을 총체적으로 인식할 수밖에 없다면, 과연 이 인간이란 존재는 무엇인가?" 계몽주의 철학에서 생겨난 인간에 대한 근대적 개념은 분명 더 이상 유효하지 않을 것이다. 다음 장에서 나는 새로운 기원을 여는 질문에 대한 답을 어떻게 체계적으로 설명할 수 있을지 몇 가지 제안을 하려 한다. 그 질문은 다음과 같다. 지구 자체의 경로를 변화시켜 온 인간은 과연 어떤 존재인가?

2

새로운 인간중심주의

모 든 것 을 의 심 할 것

인간과 지구의 관계가 재구성되는 인류세로 논의가 옮겨가면, "음, 그런 개념들이 내게는 잘 와 닿지 않는데요"라든가 "내 문화적 배경과는 관련이 없군요"와 같은 반응에 부딪히곤 한다. 인식 가능한 물리법칙에 따라 작동하는 기계론적 자연에 관한 발상이 등장한 17세기와 18세기에도 이를 처음 접한 대다수 사람들은 별 다른 반응을 보이지 않았다. 기계론적 우주는 그들을 둘러싼 세계를 이해하는 방식과 어긋났다. 기존 사고방식에 근대성이 가져온 균열은 사람들의 심기를 불편하게 했다.

이와 마찬가지로 인류세의 도래는 지구의 기능에 나타나는 변화에 상응할 정도로 우리의 사고체계에 변화를 일으킨다. 3-4세기 전 근대 사상에 의해 정립된 세계에 대한 이해와 대치되

기 때문이다. 그렇다면 인류세의 어떤 점이 역사적 단절에 버금
갈 정도로 중대하게 여겨지며, 우리에게 익숙한 이해체계를 제
쳐두고 모든 것을 다시 생각하도록 요구하는 것일까?

첫째, 금세기 동안 인간이 스스로 무슨 일을 하고 있는지 분
명히 알면서도 우리의 고향 행성에서 생명이 살아갈 수 있는 조
건을 돌이킬 수 없을 만큼 저하시킬 것이라는 현실적 가능성에
직면해 있다. 둘째, 인간이 저지른 행위의 결과로 인간이 멸종
될 수 있다는 물리적 가능성, 혹은 적어도 문명화된 삶의 방식이
붕괴될 수 있다는 가능성을 인정해야 한다. 셋째, 지구의 기능
이 변화해 왔다. 더 이상 맹목적인 힘에 의해서만 지배되는 것이
아니다. 지구의 작용은 현재 존재론적으로 뚜렷하게 다른 힘, 즉
인간의 의지가 표출된 힘이 투입되어 영향을 받고 있다. 지구는
더 이상 과학혁명을 통해 '환상이 깨진' 지구가 아니다. 그렇다
고 다시 '신비의 영역'으로 들어가는 것도 아니다. 지구의 작용
에 널리 퍼진 힘은 신비한 힘이 아니라 의지가 깃든 행위다. 게
다가 문명의 출현을 비롯해 문명과 함께 문화와 사회구조를 형
성할 수 있는 환경적 배경이 되었던 홀로세의 온화하고 예측 가
능한 기후는 과거지사가 되었다. 우리는 수천 년 혹은 수만 년
동안 지속될 불안정하고 예측 불가능한 새로운 시대에 접어들
었다.

간단히 말해 우리가 살고 있는 자연세계와 인간이 맺는 관계
가 전복되었다. 이런 상황은 1세기 전, 아니 30년 전만 해도 전

혀 예측할 수 없었던 것이다. 하지만 이제 우리는 이런 상황, 즉 지구 경로의 돌이킬 수 없는 위험한 변화가 우리의 미래이며, 역사적 균열이 존재하기 이전 시대에서 물려받은 사고방식들은 분명 의심의 여지가 있다는 사실을 직시해야 한다. 이후 이의를 제기할 여러 사안 중 한 가지는 여기서 언급할 필요가 있다. 자유와 기술력을 방종하게 사용함으로써 우리는 파멸 직전에 이른 것으로 보인다. 인간의 능력을 배양한 바로 그 행위로 인해 우리는 길들여지기를 거부하고 갈수록 더 인간의 이익에 냉담해지는 자연과 맞닥뜨리게 되었다.

세계의 구조에 생겨난 인류세라는 균열에 직면해 우리는 기존의 모든 신념을 의심해야 한다. 새로운 체제를 압축한 새로운 개념이 생겨날 때, 그 개념이 '내 세계관과 맞지 않다'고 선언하는 것은 옹호받기 어렵다. 기존의 세계관이 더 이상 신뢰할 만한 사고체계의 지침이 되지 못하는 것이 분명하기 때문이다. 현 상황에서 "이런 새로운 개념이 별로 좋은 생각 같지 않다"고 밝히는 것은 "세계가 변했다는 사실을 받아들이지 않겠다"고 천명하는 것일지도 모른다. 인류세라는 균열은 우리가 어느 문화에 속하든 간에 우리의 신념을 뒤흔든다. 한 개인의 특정한 문화나 종교—요컨대 전통—에 호소하는 것은 논의의 대상조차 되지 못한다. 특정한 문화나 종교 집단에 속한다고 해서 인류세에 접어든 지구에서 벌어지는 일들로부터 벗어나지는 못하기 때문이다. 이 지구상에서 더 이상 고립된 장소는 존재하지 않는다.

근대 사상을 통해 물려받은 자연세계에 대한 개념은 이제 유효하지 않다. 근대 사상을 토대로 정립된 모든 개념은 이제 기억 속에서 떠돈다. 과거의 관점에 따르면, 자연에서 분리되고자 분투하는 인간들은 맹목적으로 작동하는 인식 가능한 법칙에 따라 작용하는 다양한 종류의 '가치'와 자원을 품고 있는 수동적인 저장소인 자연을 정복하고 맞섰다. 이를 대체할 일관성 있는 개념을 아직 가지고 있지 않아도 이러한 근대적 세계상은 더 이상 옹호될 수 없으며, 사실과도 모순된다. 따라서 우리는 새로운 현실을 근간으로 새로운 개념을 구축하기 위해 불안정하더라도 더듬더듬 나아갈지, 아니면 이미 뒤처진 세계에 뿌리내린 낡은 개념에 매달릴지, 불편한 선택을 내려야 한다. 무엇 하나 예측하기 어려운 사안을 이해하고 대응하는 데 도움이 되는 실마리를 전통적 자산에서 찾을 수 있는 경우가 아니라면, 전통적 사고방식으로 후퇴하는 것은 도움이 되지 않을 것이다. 따라서 인간의 어리석음과 취약성을 자각하는 것이 유용한 출발점이 된다.

인류세라는 새로운 현실 앞에서 우리는 인간이 지구의 미래를 변화시키는 능력을 가질 수 있다는 사실을 믿지 않는 이들(부정하는 이들과 일부 종교적 근본주의자들), 우리가 그런 능력을 포기하길 바라는 이들(극단적 환경운동가와 생태철학자), 우리에게 힘이 있다는 것을 받아들이면서 그 힘을 행사하는 데 두려워해서는 안 된다고 주장하는 이들(에코모더니스트), 그리고 어떤 결과가 초래되든 무관심하게 밀고 나가는 이들(지배 체제의 화신과 그 체제의 이론

적 옹호자)을 만나게 될 것이다. 그리고 마지막으로 우리에게 힘
이 있다는 것을 받아들이기는 하지만, 지금까지 그 힘을 무절제
하게 사용해 왔으므로 힘의 남용을 염려하면서 훨씬 더 현명하
고 신중하게 힘을 사용해야 한다고 믿는 이들이 있다. 내가 '새
로운 인간중심주의'(the new anthropocentrism)라고 일컫는 개
념을 도출한 이들이 바로 이 마지막 부류다.

인 간 중 심 주 의 의 　 귀 환

최근 학자와 활동가들은 인간이 특별한 능력과 그에 따른 책임을 갖는 고유한 존재라는 믿음이 자만에 불과하다는 것을 설득하기 위해 애써왔다. 그래서 우리 인간이 침팬지와 DNA의 98.8퍼센트를 공유한다고 강조하기도 한다. 근거가 없는 이런 유사 사실을 무의미한 대강의 유전학적 계산이라고 받아들이는 대신 마치 우리가 유인원 사촌이라도 되는 듯이 해석한다. 심리학자와 생태학자들은 연구에 주력해 일부 동물의 경우 도구를 사용하고 심지어 만드는 능력이 있으며, 언어를 사용하고, 인지적 문제를 해결하고 기억력을 가지며, 인간과 유사한 감정과 내면생활이 있음을 밝혔다. 다른 한편에서는 지각이 있는 생물은 인간과 동일한 권리를 가져야 한다고 주장하기 위해 철학적 논거를 제시한다.

다른 생물의 고통에 무감하거나 종에 대한 특권의식을 지닌 인간이 주로 다른 생물에게 저지르는 끝없는 폭력에 대응하기 위해 인간의 위상을 낮추려는 이런 시도들의 동기는 좋다. 그러나 인간과 다른 생물 사이의 메울 수 없는 간극이 엄연한 상황에서 인간을 침팬지, 돌고래, 개와 동일시하려는 주장에는 절박한 의중이 숨겨져 있다. 그러나 잠시 동안만이라도 인간이 이룬 엄청난 업적—동물과의 평등에 관한 이론화는 말할 것도 없고, 저술·도시·수학·농업·의학·원자분열·우주여행·문학·미술관—을 생각해 본다면, 동물들의 가장 초보적 도구와 '언어'와 동물계의 문화적 산물은 무색해질 따름이다.

이런 사실들을 직설적으로 논하는 것이 가혹하게 보일지 모르겠다. 인간이 동물로 하여금 과도한 고통을 겪게 했다는 사실을 부정하려는 것도, 혹은 다른 특정 생물—코끼리·돌고래·유인원—이 지금까지 인정해 온 것보다 훨씬 뛰어난 지능을 가지고 있으며 깊고 복잡한 내적 생활을 영위하고 있음을 부정하려는 의도도 아니다. 하지만 이런 사실들은 인간으로 알려진, 사냥감을 찾아 돌아다니는 생명체가 초래한 대대적인 파괴를 목격한 생물들이 느꼈을 충격과 고통만을 암시할 뿐이다. 이 사실들을 재확인한다고 해서 다른 동물들이 '하위인간'(sub-human)이라는 오명을 떠안는 것은 아니다. 동물이 인간과 유사한 능력을 보여주는 한에서 제대로 판단된다고 믿는 이들은 다르게 생각하겠지만 말이다. 다른 존재의 가치가 그들의 능력에 따라 판단되어서는 안 된다. 또한 일부 동물이 우리 인간과 유사함을 보여주려는 시도를 완전히 그만둠으로써 우리는 동물의 타고난 본성을 있는 그대로 받아들이고 존중할 수 있다. 그럼에도 불구하고 철학적으로 무엇(완전히 달라서 비교 불가능한 범주에 동물을 넣든 혹은 동물이 인간의 지위까지 격상될 수 있다고 믿든 간에)을 믿는다고 해도 그 무엇도 인류세의 본질적인 사실을 바꾸지는 못한다.

　내가 새로운 인간중심주의에 찬성하게 된 계기는 인간이 자연의 거대한 힘들에 필적할 만한 지질시대가 도래했기 때문이다. 많은 종류의 생물을 포함해 전체 행성의 미래가 이제 의식적인 힘의 결정에 달렸다. 그 힘이 합세해 움직이는 징조는 태동기에 불과할지라도 말이다(어쩌면 사산했는지도 모른다). 이런 외면할 수 없는 사실에 직면해 이 시대를 정의하는 진실은 인간의 고유성과 능력을 부정하며 왜곡되고 있다. 인간으로 인한 지구 시스템의 교란을 확증하는 모든 과학적 연구가 이 행성에서 우리 인간의 특별한 위치에 대한 사실을 분명히해 준다. 인류의 행위성(agency, 사회적 세계를 생산하고 재현하며, 세계에 변화를 가져오는 능력을 뜻한다―옮긴이)이 중심이 되는 세계관에 대한 여러 비판이 정치적으로 아무리 관심을 끌어도, 인류세의 도래는 모든 비판을 일소하고 인류가 최종적으로 지구의 중심에 있는 존재임을 뒷받침할 것이다. 해가 지날수록 인간과 다른 모든 생물과의 간극은 커져만 갈 것이다.

그러나 인간과 다른 생물의 관계가 인간과 지구 전체의 관계와 같지 않다는 사실을 **인지하는 것은 매우 중요하다**. 다른 생물, 생물이 서식하는 환경, 지구 시스템을 하나로 뭉뚱그려 '자연'이라고 말하는 것은 혼란만 가져온다. 지구 시스템 과학의 관점에서 현재 인간은 **결코** 지구를 정복할 수 없다는 것이 분명해졌다. 인간이 국지적인 '승리들'을 쟁취했다고 해도 지구의 힘은 매우 거대하고 언제까지나 우세할 것이다. 인류세에서 '거인이 깨어났고' 힘을 과시하고 있다고 가정했을 때, 우리가 제어하기 어렵고 억제 불가능한 괴물을 정복할 수 있다고 계속해서 믿는 것은 오만이자 만용이다. 물론 그럼에도 다른 모든 생물과 비교했을 때 인간은 그 능력과 업적 면에서 현저하게 독보적인 존재다. 인간은 다른 생물들 위에 군림하는 지배적 동물이며, 이는 바츨라프 스밀(Vaclav Smil)의 놀라운 계산을 통해 확인된 사실이다.[1]

지구의 모든 육생 척추동물을 세 종류, 즉 야생동물, 가축, 인간으로 나눠 총 질량을 얻기 위해 무게를 잰다고 가정해 보자. 인간은 지구에 서식하는 전체 척추동물의 총 질량 중 30퍼센트를, 인간이 사용하는 가축은 67퍼센트를 차지한다. 그렇다면 지구상에 서식하는 야생동물은 불과 3퍼센트에 지나지 않는다.

이 수치만으로도 이 특별한 존재가 근대에 축적한 능력을 증명하며, 지구 전체에 영향을 미치는 핵심 행위자로서의 지위를 확인시켜 준다. 그러나 우리가 지배하는 동물에 대해 인간으로서 갖는 책임감은 우리가 결코 지배할 수 없는 지구 시스템의 기능에 교란을 가하지 않기 위해 갖는 책임감과 동일하지 않다. 다시 한 번 강조하자면, 보호해야 할 책임감은 진정시켜야 할 책임과는 다른 종류의 도의적 의무다.

인간중심주의(철학 이론이라기보다는 철학적이고 실질적인 전제)는 복잡한 역사를 가졌다. 무엇보다 인간이 중심에 있다고 생각되는 '자연'에 대한 각기 다른 이해에 따라 개념이 달라지기 때문이다. 나는 곧 인간중심주의, 그리고 '자연'에서 '지구 시스템'으로의 전환에 담긴 결정적인 철학적 함의들에 대해 논하도록 하겠다. 생태계의 위기가 우리의 인간중심주의 때문에 발생한 것이 사실이라면, 이에 대한 해결책은 세계에 대한 인간 중심의 이해를 생물중심주의나 생태중심주의 관점, 혹은 그 무엇에도 중심을 두지 않는 관점으로 대체하는 것이 좋을 것으로 보인다. 하지만 인간중심주의적 관점을 포기하는 것이 행여 가능하다고 해도 이미 너무 늦었다는 것이 인류세 과학의 핵심적인 가르침이 아니던가? 우리는 더 이상 뒤로 물러날 수 없으며, 어떤 식으로든 자연이 '자연적인' 상태로 돌아가기를 기대할 수도 없다. 홀로세로 되돌아가는 것은 불가능하다.

인간이 어리석은 방식으로 이런 지위를 얻게 되었다고 해도 이제는 지구 전체에 대한 책임감을 가져야 한다. 딴청을 부리는 것은 참으로 무책임한 태도다. 따라서 문제는 인간이 세계의 중심에 서 있는지 여부가 아니라 어떤 **유형**의 인간이 세계의 중심에 있으며 그 세계에서 자연은 무엇인가이다.

이 지점에서 나는 분명하게 짚고 넘어가려고 한다. 나는 과학적 사실로서의 인간중심주의(인간은 지배적 생물**이다.** 대단히 지배적이어서 행성의 지질학적 축을 변화시킬 정도였다)와 규범적 주장으로서의 인간중심주의(인간이 지구의 주인이 되어야 마땅하다)를 반드시 명확하게 구분해야 한다고 주장한다. '~이다'(is)라는 진술만큼 사실을 분명하게 드러내는 표현은 없으며, '~해야 한다'(ought)라는 주장만큼 더 강하게 자신의 생각을 옹호하는 표현은 없다. 그러나 이 둘의 차이를 계속 묵살함으로써, 즉 '~이다'를 '~해야 한다'와 혼동함으로써 제대로 상황 판단을 할 만한 사람들마저 사실을 부인하는 지경에 이르렀다. 또한 지배와 관련된 규범적 주장에 대해 가장 강하게 반대하는 이들은 과학적 사실을 거부해야만 한다고 느낀다. 이 둘을 혼동함으로써 생겨난 개탄할 만한 결과에 대해서는 곧 논하겠다.

성장 주도의 기술 산업 시스템의 초기 잘못은 보통 말하는 인간중심주의라기보다는 가공할 인간중심주의다. 문제는 인간이 인간중심주의적인 게 아니라 오히려 **우리가 충분히 인간중심주의적이지 않다**는 것이다. 이 말이 충격을 가하기 위해 정도를 넘어선 서술처럼 들릴지도 모르겠다. 하지만 반복해서 언급하기 때문에 나의 전략임을 느낄 수 있을 것이다. 사실 이 점이 이 책에서 주장하는 핵심이다. 우리는 인간의 지대한 중요성에 대해, 그리고 지구와 지구의 미래에 대해 존재론적으로는 물론 실질적으로도 직시하기를 거부한다. 우리가 소유한 힘에 대한 책임을 받아들이는 대신, 다른 것은 그 무엇도 중요하지 않은 것처럼 계속해서 무분별하게 힘을 행사한다. 물론 이렇게 견고하게 자리 잡은 방식의 인간중심주의는 부정에 가까우며, 고차원적인 의미도 책임도 존재론적 고유성도 담겨 있지 않은 안트로포스 개념에 젖어 있는 것이다. 마치 청소년이 그들의 욕구를 만족시키는 힘에 따라오는 의무에 대한 어른으로서의 이해 없이 무작정 욕구에 이끌리는 것과도 같다.

가공할 인간중심주의의 오류는 인간을 특출한 생물로 인식하는 것이 아니라(현재로서는 반론의 여지가 없으므로) 결과에 책임도 지지 않으면서 능력을 행사하는 높은 지위에 인간을 올려놓은 것이다. 그것도 인간이 떠안아야 하는 틀림없는 부담을 부인하거나 깨닫지 못하는 방식으로 그렇게 함으로써, 현재 그 부담은 인류세의 도래라는 무게로 고스란히 우리를 압도하고 있다.

어떤 식으로든 인간중심주의를 옹호하다 보면 자연스레 불안이 생겨난다. 인간을 특별한 생물의 지위에 올려놓는 것이 불가피하게 인간의 오만으로 이어지지는 않을까? 다시 말해 인간중심주의를 인정하면 인간지상주의(anthropo-supermacism)를 피할 수 없다. 실제로 오만한 인간중심주의와 겸허한 인간중심주의를 구분해야 한다고 주장하는 것 외에는 선택의 여지가 없다. 겸허해지기 위해 인간의 중요성을 굳이 부인할 필요는 없다. 미국 영화계가 환대하고 세계 지도자들이 따르는 달라이 라마

(Dalai Lama)는 수많은 익명의 추종자들 중 누구보다 겸양을 실천할 수 있는 기회가 훨씬 많다. 원자로는 고사하고 증기기관이 발명되기 전, 인류는 자연 앞에서 겸손해지기 쉬웠다. 그러나 좋든 싫든 간에 기술 산업의 성장으로 인해 인간이 능력을 행사하는 입지에 서게 **되었다**는 사실을 부인할 수는 없다. 일각에서는 우리가 이런 위치를 차지했다는 것을 믿으려 하지 않는다. 그러나 문제는 더 이상 우리가 이런 역할을 받아들일 것인지 여부가 아니다. 그 역할을 어떻게 행사할 것인가가 문제다.

인 류 세 의 　 이 율 배 반

독자들은 지금까지 전개된 두 가지 핵심 주장 사이의 뚜렷한 모순을 알아챘을 것이다. 과학계에서는 인간의 힘이 매우 강력해져 자연의 거대한 힘들과 겨루어 행성의 경로를 변화시킬 정도가 되었다고 말한다. 다른 일각에서는 홀로세 동안 잠들어 있던 자연의 힘들이 깨어나 더 위험하고 더욱 통제가 어려워지는, 장기간 지속될 시대에 진입하고 있다고 말한다. 인간은 이제까지 결코 지금처럼 강력했던 적도, 자연에 대해 지배력을 행사했던 적도 없다. 그러나 현재 우리 인간은 거대한 빙상이 마침내 물러나 인구가 번성하는 데 적합한 온대기후의 방대한 대지가 펼쳐진 이후 최소 1만 년 동안 경험해 보지 못한 자연의 힘 앞에 취약하게 놓인 상태다. 기후 시스템은 점점 강력한 힘을 발휘해 더 많은 폭풍과 들불, 가뭄, 폭염을 일으키고 있다. 기술이 인간으로 하여금 강의 흐름을 바꾸고 원자의 힘을 활용하게 이끌었지만, '가이아(Gaia)가 격노해' 극심한 사태가 벌어진 것이다. 그 앞에서 우리 인간의 힘은 보잘것없어 보인다. 유력한 생물의 손아귀에서 기술이 막대한 영향력을 발휘한 것과 마찬가지로, 자연의 잠재된 힘들이 분출되어 더욱 예측하기 어렵고 더 위험해졌으며, 결정적으로 인간의 지배를 덜 받게 되었다.

인간은 더 강해졌다. 자연도 더욱 강해졌다. 이 둘을 합쳐 생각하면 지구상에는 더 강력해진 힘이 작용하고 있다. 인간과 지구 사이의 힘겨루기가 진행 중인 것이다. 이 줄다리기에서 인간은 지구를 우리의 영향권 안으로 끌어당기려 애쓰고 있다. 지구는 우리를 자신의 영향권으로 잡아당기고자 한다. 근대인들은 이 줄다리기를 그 어느 때보다 효과적인 기술을 사용해 육중하고 둔한 대상에 불과한 지구를 인간의 영역으로 끌어당기는 것이라고 이해했다. 그러나 이제 그 대상이 뒤로 물러나며 그 어느 때보다 강력해진 힘으로 인간을 끌어당기고 있음을 깨닫지 못하고 있다. 곧 살펴보겠지만, 일부 철학적 입장은 지구의 강력해진 힘만을, 다른 입장은 인간의 강력해진 힘만을 인정한다. 또 다른 일각에서는 두 힘 모두를 인정하지 않는다. 우리가 지구와 인간의 힘 모두를 인정할 때 우리는 인간이 직면한 새로운 상황을 제대로 파악할 수 있다. 다음 장에서는 이런 도식을 활용해 인류세에 관한 다양한 철학적 이해를 검토하고 평가할 것이다.

프로메테우스처럼 독창적인 일부 지구공학자들은 인간이 끊임없이 작용하는 지구 시스템의 힘들을 억누를 수 있는 기술적 능력을 사용할 수 있다고 확신한다. 하지만 지구는 자신의 힘을 본격적으로 펼쳐 보이지 않았다. 인간은 서남극의 빙상 해빙, 시베리아 영구동토층 해빙, 아마존 열대우림의 잎마름병 같은 제지 불가능한 피드백 과정을 촉발할 수 있는 주요 티핑 포인트, 즉 특정 선을 넘으면 극적 변화가 시작되는 지점을 넘어서까지 지구 시스템을 몰고 갈 수도, 그렇지 않을 수도 있다. 하지만 최근의 연구들을 정독해 보면 불가피하게도 결국 티핑 포인트까지 몰고 갈 전망이다. 되돌아올 수 없는 지점을 건너면(아직 건너지 않았다는 전제 하에), 우리는 지금과는 다른 유형의 지구, 즉 인간과 인간의 기술이 과거와 비교해 무력해질 수밖에 없는 지구와 대면하게 될 것이다. 미래의 아주 먼 훗날, 복권 추첨과도 비슷한 생과 사의 결판이 난 이후 지구 시스템은 새로운 균형 상태에 이를 것이다. 새로운 '끌림 영역'(basin of attraction)은 극빙이 거의 혹은 전혀 없고, 곤충과 파충류에게는 적합하나 인간처럼 큰 포유류가 살기에는 힘든 세상이 될 것이다.[2] 홀로세의 마지막 2–3세기 동안 축적된, 인간은 유약하지 않다는 인식을 이어가려면 날마다 의지를 다져야 할 것이다.

우리가 살고 있는 지구에 대한 이해가 급격하게 변하고 있다. 과거 지구는 인간이 터전을 삼는 환경 혹은 인간에 의해 교란되는 생태계들의 인식 가능한 집합으로 이해되었다. 이런 지구에 대한 근대적 개념은 이제 지구가 격렬한 역사와 현저하게 변동하는 '기분 변화'를 가진, 불가해하고 예측 불가능한 독립체라는 개념으로 대체되고 있다. 지구 시스템 과학자들은 새로운 개념을 포착하기 위해 거친 은유, 이를테면 "깨어난 거인" "성미가 고약한 짐승" "반격하고" "복수"를 노리는 가이아, "성난 여름"의 세계, "죽음의 소용돌이" 같은 은유를 활용하기에 이르렀다.

지구 시스템에 관한 새로운 개념은 1960년대 이후 등장했던, 인간에 의해 희생되고 식민화된 자연에 대한 이해와는 상반된다. 더 최근인 1990년대에 등장한 다음의 표현들, "자연의 종말" "우리밖에 없다" "구조를 요청하는 지구의 외침" "인간화된 지구" "우리가 곁에 두기를 바라는 유형의 자연" "자연은 더 이상 인간과 떨어져 존재하지 않는다" "여기에서 무슨 일이 일어나는지 여부는 우리의 선택이다"에서 포착된 이해와도 사뭇 다르다. 전반적인 기조가 한탄이든 승리감이든 간에 이런 표현들 모두에서 자연은 우리로 인한 희생자이거나 우리를 위해 복무한다.

그러나 지구 시스템 과학은 현재 지구 시스템으로서의 자연은 죽어가고 있기보다는 사실상 **활기를 띠게 되었다**고 말한다. 혹은 (어쩌면 더 나은 은유는) 자연은 잠에서 깨어나고 있다. 어디를 둘러봐도 인간의 영향력이 미치지 않은 곳은 없다. 하지만 동시에 지난 1만 년에 비해 우리로부터 더욱 분리된 "화가 나고" "격노하고" "복수심에 찬" 지구가 움직이는 것을 목격하고 있기도 하다. 인류세에 "우리가 곁에 두기를 바라는 유형의 자연"이 존재할지도 모른다는, 위안이 되는 기대에 매달리는 이들도 있다. 그러나 기대와 달리 새로운 시대에 접어들수록 우리가 원하는 지구와 점점 더 거리가 먼 지구와 직면할 것이다. "우리가 살게 될 세계는 우리가 만들어온 세계"³라는 믿음에 반하여 우리가 감수해야 할 세계는 우리 스스로 우리에게서 등을 돌리게 만든 지구이다.

다시 말해 자연의 종말과 우리의 선택에 의해 좌우되는 인간 화된 지구에 대한 이런 견해들은 홀로세에서는 적합했을지 모른다. 하지만 이미 홀로세의 사고는 인류세의 사고로 대체되었다. 이 모든 것은 인류세가 곧 **균열**이라는 기본 사실에서 비롯되었지만, 자연의 죽음 등에 관한 이러한 견해들은 균열이 생겼음을 인지하지 못하고 있다. 마치 수천 년간 계속된 자연에 대한 인간의 식민화가 지속적으로 이뤄지는 역사의 과정인 것처럼 서술한다. 최근 수십 년간 역사의 균열이 뚜렷해졌는데도 말이다.

따라서 이런 새로운 지구상에서 인간의 지배에 관한 개념(정복처럼 긍정적이든 희생처럼 부정적이든)은 폐기되어야 한다. 종국에는 뛰어난 지구의 관리자라든가 자비로운 어머니 지구 같은 유순한 생각도 사라져야 하기는 마찬가지다. 자연은 더 이상 침묵 속에서 시름하는 수동적이고 파괴되기 쉬운 대상이 아니다. 프란치스코 교황(Pope Francis)이 말하듯 "우리를 향해 울부짖는 자매"가 아닌 것이다. 인류세에서 "우리 공동의 터전은 우리를 안아주기 위해 두 팔을 벌리는 아름다운 어머니에게서 태어나 함께 살아가는 자매와 같다"고 믿는 것은 더 이상 용납될 수 없다.[4] 로마 교황의 회칙처럼 세계를 "남자와 여자들에게 맡긴" 것으로 보는 관점은 홀로세에서는 그럴 듯한 작업가설이었다. 그러나 더 이상은 아니다. 오늘날 어머니 지구가 두 팔을 벌린다면, 우리를 안으려는 게 아니라 으스러뜨리기 위해서다. 우리의 목표는 "자연을 구하는" 게 아니라 우리 자신에게서, 그리고 자연으로부터 우리를 구하는 것이 되어야 한다. 지구 시스템을 교란하는 모든 행위가 우리를 구할 수 있는 가능성을 낮춘다는 사실을 인지하면서 말이다. 자연은 더 이상 (프란치스코 교황이 서술하듯이) "신이 우리에게 말하고 신의 무한한 아름다움과 선의를 엿보게 해주는 장대한 책"이 아니라, 과학자들이 우리에게 말하고 혼란에 빠진 자연의 패턴과 혼돈상태의 기후를 엿보게 해주는 암울한 보고서다. 아니 어쩌면 이 두 가지 모두라고 말하는 게 더 정확할지 모르겠다. 절묘한 지구는 진정된 상황에서는 아름다운 모습으로, 격노한 상황에서는 섬뜩한 모습으로 나타난다. 친밀한 행성인 동시에 생경한 행성이며, 어머니인 동시에 타자다.

과거에 인간의 열망은 전능한 신에 대한 믿음으로 누그러지는 경우가 많았다. 오늘날 전지전능한 신이 더 이상 우리를 제지하지 않는다고 한다면, 자연에 대한 완전한 통제를 바라는 야망을 꺾을 더욱 뚜렷한 힘이 존재한다. 바로 지구 그 자체다. 이 획기적인 사실이 인류세와 관련된 모든 주장을 재구성한다. 하지만 세계의 중심을 다른 곳으로 옮기지 않고, 우리의 뛰어난 능력을 부인하지 않으며, 행성의 역사에서 우리의 결정적 역할을 거부하지 않음으로써 그렇게 하는 것이다.

지구 시스템을 교란하는 인간의 힘과 인류세에 발산되는 자연의 통제 불가능한 힘이 서로 맞서며 분출되는 힘들이 내가 '새로운 인간중심주의'라고 일컫는 개념을 촉발한다. 나는 인간이 20세기 후반이 되어서야 최초로 단일한 개체—안트로포스(인류)—가 되었고, 엄밀히 말해 **새로운 유형의 지구에서 핵심 행위자**가 되었다고 주장한다. 즉 새롭게 활성화되며 반격에 나선 지구 시스템의 힘에 의해 한계에 부딪친 행위자가 된 것이다. 내가 고안한 철학적 인간중심주의는 생태 위기를 불러온 인간지상주의와는 다르다. 근대 환경주의와 포스트휴머니즘의 철학적 이해와도 사실상 상반된다. 비인간중심의 관점(자연이나 생태계, 다른 생물이 중심에 있는 관점)을 택하거나 인간예외주의를 고려하지 않고 모든 생물에 행위성을 부여함으로써 인간중심주의적 관점을 반격하려는 시도들은 지구 시스템 과학이 내세운 증거를 반박할 수 없다.

기존의 인간중심주의가 인간을 중심으로 돌아가는 세계를 그리고 있다면, 새로운 인간중심주의를 묘사할 만한 쉬운 방법은 없다. 다만 공통 무게중심을 갖는 거의 동일한 크기의 두 행성이 서로를 공전하는, 이중행성(double planets)이라는 우주적 현상이 연상될 뿐이다.[5] 인간이라는 행성과 지구라는 행성이 궤도를 공유하며 긴밀하게 관련을 맺고 있어 "하나의 운명이 다른 하나의 운명을 결정짓는다." 인간 행성에서 보면 지구 행성이 인간 행성 주위를 도는 것으로 보인다. 그러나 지구 행성에서 보면 인간 행성이 지구 행성을 도는 것으로 보인다. 인간이 사라지는 것에 지구가 무관심하다고 주장하는 이들이 있기는 하지만, 두 행성 중 하나가 사라진다면, 다른 한 행성은 공허한 우주 공간 속으로 날아가 버릴 것이다. (이와 관련해 제4장에서는 인간의 중요성에 대해 다룬다.)

새 로 운   인 간 중 심 주 의

인류세의 새로운 인간중심주의, 즉 신(新)인간중심주의는 지구 시스템과 그 안에서 인류의 역할에 대한 최근 정립된 이해에서 생겨났다. 이와 관련된 사실을 다음과 같이 정리할 수 있다.

1. 우리는 기존의 개념이 가리키는 자연이 아니라 지구 시스템에 살고 있다. 즉 지구라는 행성의 핵에서 대기, 그 너머 달에 이르기까지, 그리고 태양의 에너지 흐름에 영향을 받는 상호 연결된 주기와 힘에 의해 끊임없이 움직이는 상태에 놓인 하나의 전체로 여겨지는 행성에 살고 있는 것이다.
2. 인간의 활동은 지구 시스템뿐만 아니라 지구 시스템 내 생태계를 구성하는 무수한 과정의 상당 부분에 관여하고 그것을

변화시킨다.

3. 인간의 활동은 지구의 과정들을 매우 급격하게 변화시켜 지구 시스템의 진화를 주관하는 자연의 위대한 힘들에 혼란을 가져오고 급기야 새로운 지질시대로 접어들게 했다.

4. 우리는 지구에 대한 지배권을 가지고 있지 않으며, 지구 시스템을 통제하려는 것(이를테면 행성 규모의 지구공학 기술을 통해)은 어리석은 시도다. 하지만 뒤로 물러나 모든 것을 혼란 이전의 상태로 되돌리고자 희망하기에는 이미 늦었다. 우리가 지구 시스템에 초래한 혼란 중 일부는 현재 되돌릴 수 없으며, 그로 인한 영향은 수천 년간 지속될 것이다. 홀로세로 돌아가기에는 너무 늦었다.

5. 위의 사실들을 받아들이고 나면 인류가 직면하게 되는 문제는 다음과 같다. 이러한 변화의 속도를 늦추기 위해 무엇을 할 수 있는가? 피할 수 없는 것들에 적응하기 위해 무엇을 할 수 있는가? 장기간에 걸쳐 지구 시스템에 가해지는 피해를 개선하기 위해 무엇을 할 수 있는가?

이런 사실을 믿기가 쉽지 않겠지만 내게는 논쟁의 여지가 전혀 없어 보인다. 또한 우리는 신인간중심주의를 정당화하기 위해 더 많은 사실을 알 필요도 없다. 이것만으로도 인간이 지구 시스템 진화의 중심에 있음을 피할 수 없기 때문이다. 이러한 사실들은 인간의 행위성이 현재 그 어느 때보다 더 강력하다는 것을 의미한다. 이제 행위성을 자유로운 존재의 자주적 능력이 아니라 자연의 작용에 맞물려 항상 제약을 받고 있는 힘으로 이해하더라도 말이다.

이러한 사실이 보여주듯이 필연의 영역과 자유의 영역을 가르는 근대철학의 근본적인 구분은 허물어졌다.[6] 인간 행위성의 재구성이 의미하는 바를 이해하려면 지구 시스템 과학을 넘어 철학 분야까지 다뤄야 한다. 신인간중심주의의 핵심에는 인류세의 인간이 갖는 이중의 진리를 표현하는 인물, 즉 자주성을 가지고 있으나 지구 시스템을 관장하는 과정에 동화됨으로써 항상 인도되고 제약을 받는 자가 있다. 신인간중심주의는 인간이 그 어느 때보다 큰 힘을 갖게 된 것을 인정하지만, 궁극적으로는 인간이 살고 있는 자연세계의 힘에서 벗어날 수 없음을 분명히 한다. 인간은 스스로를 자연으로부터 분리시켜 그 위에 군림하려는 근대의 꿈을 실현할 수 없는 비극적 인물이자 핵심 행위자가 된 것이다. 신인간중심주의적 자아는 근대의 주체처럼 자유로이 부유하지 못하며 항상 자연에 얽힌 채 **자연의 구조 안에서 매듭**을 이룬다.

이 새로운 시각에서 인간이 자연과 맞물린다는 것은 국지적이지도 않고 추상적 의미에서 보편적이지도 않다. 자연과 맞물린 인간은 우리가 구축한 지구 세계에 깊이 몸을 담고 있는 행성 차원의 행위자를 뜻한다. 자연에서 벗어났지만 자연에 의해 제약받고 있으며, 힘과 자주성을 누리고 있지만 우리의 자주성을 저지하고 제약을 강화하는 상대에 점차 맞서야 하는 행위자인 것이다.

인간의 힘은 지금까지보다 훨씬 큰 책임감을 부여한다. 인간이 다른 생물에게서 분리되어 나와 그들의 환경을 개조하기 위해 고의적으로 세계를 만드는 능력을 활용하기 시작한 순간, 자연 시스템과 다른 생물에 대한 책임감을 짊어지게 된 것이다. 그러나 현재 인류세에서 지구의 운명은 인간의 운명과 얽혀 있으며, 우리의 책임감은 더 높은 차원으로 올라선 새로운 책임감이다. 우리 자신의 복지, 미덕, 서로에 대한 의무에 앞서 지구에 대한 피할 수 없는 책임감은 우리를 도덕적 존재로 규정한다. 따라서 지금까지 이어져온 칸트(Immanuel Kant)의 윤리설과 대조적으로 도덕은 자유의 영역에서 발견되는 게 아니라 필연의 영역에 뿌리내려 있다. 지구를 보살펴야 하는 의무가 다른 그 무엇보다 선행하기 때문이다. 이 의무는 우리에게만 해당되는 것이다. 우리는 우리와 다른 생물을 구분 짓는 메울 수 없는 간격을 내다본다. 이는 책임감의 차이다. 우리에게는 책임이 있지만 그들에게는 없다.

여기서 말하는 행위성은 집단적 속성을 갖는 행위성이다. 세계화된 세계에서 개인은 자기 삶에 대한 통제력을 잃어가고 더욱 취약해진다. 이런 상황에서 행위성은 더 집단적일 수밖에 없다. 인간의 힘은 제도, 체제, 문화에 내재되어 있다. 따라서 역설적이게도 인간 행위자의 힘은 커져가지만 동시에 개인의 힘은 상실되고 있다는 인식이 널리 퍼져 있다. 책임감은 제도를 변화시키는 위치에 있는 자들에게 있지만 정작 키를 쥐고 있는 그들은 제도의 노예여서 결국 변화는 '힘이 없는 자'들에게서 시작되어야 한다.

신인간중심주의의 핵심에는 지구에 대한 바로 이러한 증폭된 책임감이 있다. 인간이 중심이긴 하지만 신인간중심주의는 이전의 인간중심주의에 깊이 뿌리박힌 착취와 통제 같은 태도와는 선을 긋는다. 우리보다 훨씬 큰 무언가에 책임을 돌림으로써 인간 행위자의 책임을 피하거나 축소하는 게 아니라 이제는 책임감을 받아들이고 인정하는 것이 우리의 의무다. 이것이 바로 우리가 인간중심주의적이어서가 아니라 충분히 인간중심주의적이지 않아서 문제가 된다고 했던 내 말의 진의다.

신인간중심주의와 과거의 인간중심주의를 비교할 때, 누가 도덕적 지위를 갖는지에 초점을 맞추는 규범적 인간중심주의와 지구에서 인류의 특별한 지위를 설명하는 '목적론적'(모든 사물은 목적에 의해 규정되고 목적을 실현하기 위해 존재한다는 이론-옮긴이) 인간중심주의를 구분하는 것이 도움이 된다.[7] 성서의 설명에 따르면 신은 인간이 사용하도록 자연을 창조했고, 해석에 따라 인간의 사용은 지배와 착취의 형태 혹은 은혜와 책임의 형태를 띤다. 헤겔(G. W. F. Hegel)과 마르크스에 따르면, 자연은 잠재적인 상태로만 존재하며, 인간의 과업은 자연을 변화시키고 극복하고 인간화함으로써 그 잠재성을 실현시키는 것이다.[8]

인류세의 신인간중심주의는 목적론적 인간중심주의를 부정하는 셈이다. '목적론적'이라고 칭하는 까닭은 어떤 점에서는 우리가 자연 전체에 영향을 미치고 있고 따라서 함께 어우러져 있음을 인정하기 때문이다. 기존의 이론은 인류가 지구상에서 자연에 대한 도덕적 지배권을 부여하는 특별한 지위를 가졌다고 **단언**한다. 새로운 이론은 인류가 지구의 경로를 변화시킬 **실제적인** 힘을 가지고 있으나 윤리적으로는 정반대의 결론을 이끌어낸다. 기존 이론은 지구가 인간을 위해 무한한 풍요로움을 선사한다고 주장하지만, 새로운 이론은 인간이 지구를 보살피지 않으면 지구는 풍요로움을 선사하지 않을 거라 믿는다. 인간이 수동적인 지구에서 무엇이든 원하는 대로 자유롭게 할 수 있다고 결론짓는 대신, 신인간중심주의는 능동적이고 제어하기 어려운 지구에서 인간이 무엇이든 원하는 대로 자유롭게 할 수는 없다고 주장한다. 우리가 하는 행동에 제약을 가하고 스스로 절제해야 한다고 주장하는 것이다. 기존의 인간중심주의가 휴머니즘적인 것은 인간의 운명이 인간의 손에 달렸다고 여겼기 때문이다. 신인간중심주의가 반(反)휴머니즘적인 이유는 오늘날 인간의 운명이 인간의 손뿐 아니라 '가이아'의 손에 달렸다고 믿기 때문이다.

기존의 목적론적 인간중심주의에는 인간만이 도덕적 지위를 가진다는 규범적 주장이 담겨 있다. 기존 이론처럼 신인간중심주의도 인간의 고유한 도덕적 지위를 인정하지만 지위에 관한 해석은 다르다. 인간의 지위는 우리의 이성 혹은 신의 명령으로 생겨난 것이 아니라 세계를 만드는 존재로서 인간이 차지한 특별한 입지에서 생겨난 것이다. 따라서 우리의 힘은 지구에 대한 권리가 아니라 지구에 대한 고유한 책임감을 부여한다. 신인간중심주의는 우리의 힘과 다른 생물이 처한 위험을 부각시키기 위해 인간의 특별함을 드높이며, 따라서 그와 관련된 의무들이 뒤따른다.

오늘날 인간중심주의와 관련된 대다수 논의는 목적론적 형식에는 전혀 관심이 없다. 규범적 함의, 즉 인간이 아닌 존재에 도덕적 지위가 있는지, 그리하여 가치나 권리가 있는지에 관한 문제에 초점을 맞춘다. 신인간중심주의는 다른 생물에 맞서 인간의 단일한 도덕적 지위를 수호하는 데는 관심이 없다. 대신 지구를 보호하고 무엇보다 지구 시스템 교란을 방지하는 인간의 고유한 책임을 강조한다. 신인간중심주의는 본질적인 가치에 관한 개념을 비롯해 가치에 대한 일반적인 논쟁은 논외로 한다. 무엇이 가치가 있고 없고의 문제가 아니라 자연 전체에 대한 접근방식인 것이다. 자연을 보호하는 것, 오늘날에는 지구 시스템을 진정시키는 것이 다른 모든 고려사항을 능가한다. 이는 프로메테우스의 조용한 의무이며, 그가 정당한 수단(신들의 선물)으로 능력을 얻었든 부정한 수단(도둑질)으로 그랬든 상관없이 적용된다. 수단이 중요한 게 아니다. 그가, 그것도 단독으로 의무를 가진다는 것이 중요하다.

지구 시스템을 보호하고 진정시켜야 하는 의무는 자기 정당화처럼 보일 수 있다. 이 의무는 그저 거대한 힘에 수반되는 책임에서 일어나는 것이다. 다른 이들 또한 이를 결과의 측면에서, 즉 기존의 인간중심주의는 인간의 지속적인 번영, 비인간중심주의는 인간이 아닌 생명과 생태계의 번영을 정당화시키려 할지도 모른다. 그렇지 않으면 자연을 보호하고 지구를 진정시키려는 의무는 목적론적인 인간중심주의의 방식으로 정당화될 수도 있다. 인간은 지배적인 생물이 될 운명이며, 이러한 지배에는 인간의 특별한 지위를 책임감 있게 사용해야 할 의무가 항상 수반된다는 주장을 하는 것이다.

　모든 유형의 인간중심주의를 반대하는 두 가지 주장에 대해서도 간단히 짚고 넘어가는 것이 좋을 듯하다. 다양한 종류의 생태철학에서 공통으로 나타나는 현상이 있다. 생태철학은 우리가 물리적·정신적으로 의존하고 있는 환경과 관련된 자연에서 증거를 동원해 존재론적 주장을 펼친다. 모든 생물과 그 생물이 살아가는 생태계에 본질적 가치를 부여하고, 이를 통해 인간에 대해서는 특별한 가치를 부여하지 않으려고 하는 것이다. 그러나 인류세가 도래한 시점에서 인간이 특별한 지위를 차지하고 있다는 생각을 거부하고 인간중심주의를 생태중심주의 철학으로 대체하기를 촉구하는 이들은 누더기를 걸친 채 백성들 사이를 떠도는 초라한 왕과 같다. 그가 더 좋은 군주일지는 모르겠지만 왕은 왕인 것이다.

인간중심주의를 겨냥한 최근의 비판은 1990년대 유럽의 사회학 비평에서 등장한 유파인 '포스트휴머니스트'(post-humanist)들이 주도했다. 인간중심주의에 대한 거부는 사회 질서에 내재된 다양한 형태의 억압에 대한 비평의 자연스러운 연장선상에 있는 것으로 보인다. 다음 장에서 포스트휴머니즘에 대해 자세히 다루겠지만, 이 이론의 본질적인 전략은 인간이 자연에 완전히 침잠할 것을 강조함으로써 자연을 지배하는 인간의 힘에 문제를 제기하는 것이다. 포스트휴머니스트는 다른 생물과 자연 시스템의 '행위성'을 강조하며 인간의 행위성을 다양한 자연적 행위자에게도 부여한다. 세계를 변화시키는 인간의 고유한 힘이 절정에 치달은 바로 그 순간에 우리의 고유한 특성을 거부하는 움직임인 것이다. 반면 신인간중심주의는 인간을 자연 과정(natural process)의 참여자로 이해해야 한다는 데 동의하는 동시에 인간의 행위성을 희석하지 않으면서 더 높은 차원으로 끌어올린다.

두 번째 주장으로 넘어가 보면, 생태철학과 포스트휴머니즘은 에코모더니즘에 대한 대응으로 근대 이전의 존재론, 즉 인간과 자연 사이의 경계를 허무는 존재론에 기댄다. 이런 주장은 서구의 과학을 저버리는 것을 의미한다. 하지만 이는 실제로 불가능할 뿐 아니라, 주장하건대 인류의 가장 위대한 업적이라고 할 만한 것(다음에 치과 의자에 앉게 될 때 숙고해 볼 만한 주장)을 버리겠다고 하는 것이다. 게다가 인류세에서 생존하려면, 비록 현재는 정치에 더 많이 의존하고 있지만 앞으로는 과학에 의존하게 될 것이다. 지질학적 시계를 되감을 수 없는 것과 마찬가지로 존재론적 시계도 되감을 수 없다.

마지막으로 신비주의에 가까운 전체론을 받아들이자는 주장[이를테면 테야르 드 샤르댕(Teilhard de Chardin)의 이론]은 시대착오적이다. 부분적으로는 위에서 언급한 이유 때문이기도 하고, 또 한편으로는 초점이 지구 시스템으로 옮겨가면서 신비주의에서 벗어나 현실을 일깨우기 때문이다. 원자론과 환원주의를 부정하기 때문에 테야르의 전체론은 지구 시스템의 광범위한 시각과 일치하는 듯 보인다. 하지만 철학으로서 전체론은 과학을 뛰어넘으려는 시도를 함으로써 과학적인 내용을 제거한다. 테야르는 진화의 과정이 물질에서 유기체를 거쳐 그가 인지권(人智圈)이라고 명명한, 지구를 에워싸고 있는 의식적 사고의 층위로 진전된다고 주장했다. 앞의 두 주장과 달리 이런 유형의 초월적 전체론은 인류의 고유한 위상을 격상시키지만 실제 세계와는 동떨어지게 한다. 무엇보다 우리가 지구 그 자체에 얼마나 깊이 뿌리내리고 있는지 깨닫고 있는 바로 이 시점에서 그러한 주장을 하고 있는 것이다.

인간중심주의의 대안들이 공통으로 부딪치는 어려움은 자연에 대한 비서구적 철학을 택하거나 개조하는 것이 인류세의 생태적 파괴에 대한 정치적 대답이 되리라고 생각한다는 것이다. 이런 연구(더 나은 표현으로는 인간-지구 철학)에서 발전된 자연에 관한 철학은 비서구적 우주론을 신중하게 살펴본다. 이는 답을 구하려는 것이 아니라 근대 이후의 인류세에 관한 철학의 기반을 다지는 데 도움이 될 만한 **방향성**이 포함되어 있는지 궁금해 하는 것에 불과하다. 하지만 이러한 우주론은 서구세계, 즉 서구에서 번성하고 세계를 식민지화했던 산업자본주의가 구축한 세계에서 발생했다는 점에서 철저히 서구적일 수밖에 없다.

세 계 를 만 드 는 존 재

구체적인 유럽 자본주의 역사(혹은 내가 선호하는 쪽은 다양한 형태의 사회주의까지 포함하는 기술 산업주의의 역사)가 아닌, 종의 역사 안에서 새로운 지질시대를 규명한다는 이유로 '인류세'라는 용어 채택에 격렬히 반대하는 움직임에 대해 1장에서 다루었다. 인류세의 도래로 인간의 역사와 지질학적 역사가 수렴되는 것을 목도한 이후, 디페쉬 차크라바르티는 어떻게 하면 우리가 인류세를 사회구조만의 문제라기보다 종의 문제로 생각할 수 있을지 고심한다. 그는 인류세의 기후변화를 유발한 **인류**의 전형이 남자, 부유층, 백인이었다는 사실을 부인하지 않는다. 그와 동시에 자본의 역사가 어떤 식으로든 종의 역사, 즉 심원한 역사와 섞이게 된 것이 틀림없다는 직관을 발휘한다. 그는 이렇게 묻는다.

"보편적인 것에 대한 포스트식민주의적 의구심에 담긴 뚜렷한 가치를 유지하면서 어떻게 삶의 보편사에 대해 언급할 수 있을까?"[9]

역사가 안드레아스 말름과(Andreas Malm)과 알프 호른보그(Alf Hornborg)는 종적 사고를 아우르는 새로운 역사관에 동의하지 않는다.[10] 그들은 기후 위기나 인류세와 관련해 "일반적인 인류"의 탓으로 돌릴 만한 현상은 전혀 없다고 주장한다. 그들은 '인류세' 명칭에 특정 구분이 없는 '인류'라는 단어가 사용된 것에 냉담한 반응을 보인다. 일반적인 인류의 지질학적 역사를 언급한다면, 새로운 지질시대는 "인류의 특징에 뿌리를 두어야 하기" 때문이다. 그들에 따르면, "사회적 요인에 의해 발생하는" 기후변화의 근원을 찾으려면 같은 종에서가 아니라 인간들 사이의 **구분**을 통해 찾아야 한다. 종을 언급하면, "신비화와 정치적 마비상태"에 빠져들 위험이 있다고 주장하는 것이다.

어떤 종류의 신비화를 말하는 걸까? 리사 사이데리스(Lisa Sideris)는 차크라바르티의 종 담론이 테야르 드 샤르댕과 더 최근에는 E. O. 윌슨(Wilson)과 토마스 베리(Thomas Berry)를 연상케 하는 "우주의 이야기"와 유사한 점에 주목했다.[11] 윌슨과 토마스 베리의 우주 진화에 관한 이야기는 브라이언 스윔(Brian Swimme)과 메리 에블린 터커(Mary Evelyn Tucker)를 통해 "방대한 창조, 연결, 상호 의존에 근간한 과정인 우주 진화에 관한 경이로운 시각"을 지닌 이야기를 전하는 멀티미디어 프로젝트로

탈바꿈했다. 이 이야기에서 "인간은 진화하는 거대한 우주의 정신이자 마음"이다. 사이데리스는 이런 종류의 우주에 관한 사유가 에코모더니즘에서 말하는 '좋은 인류세'와 유사하다고 지적한다. 에코모더니즘은 생태계 파괴의 실제 원인과 위험성을 얼버무린 채, 인간 종의 경이로운 능력에 초점을 맞춰 그 어떤 장애물도 극복해 황금빛 미래로 진격할 수 있다고 믿는다. 사이데리스는 자본주의의 역사와 종의 역사를 혼합하려는 차크라바르티의 시도가 스스로 주의한다고 해도 동일한 함정에 빠질 위험이 있다고 말한다.

말름, 호른보그, 사이데리스 등의 비판은 근거도 탄탄하고 타당하다. 그러나 전통적인 사회 분석의 범주와 휴머니즘 사유 안에 머물러서는 인류세로 알려진 지구와 인간의 역사에 나타난 균열의 엄청난 규모를 포착할 수 없다. 인류세는 우리로 하여금 20세기와 21세기 초의 특정한 사회 상황을 뛰어넘어 인간의 조건과 지구상에서 인간의 위치에 대해 생각해 볼 것을 촉구한다. 정치 분석 차원에서도 사회 갈등에 관한 기존의 이론으로는 이런 균열을 조리 있게 설명할 수 없다.[12] 그들의 미래가 부서지고 있음에도 불구하고 광범위한 대중이 그토록 기꺼이 자본을 가진 패권국가에 협력하는 상황에서, 어떻게 생태계 파괴를 패권국가의 탓으로만 돌릴 수 있단 말인가? 기후변화의 경우, 일부 힘 있는 기업들이 여론을 조작하고 과학적 근거를 약화시키려는 시도를 하고 있기는 하지만, 기업들이 탄소배출량을 대대적으로 감축하자는 대중의 요구를 좌절시키고 있다는 생각은 일반적인 사실과는 다르다. 점차 확대되고 있는 지속적인 기후 활동가들의 노력이 의미 있는 성과를 거두었지만 대다수의 경우 대중의 무관심 속에서 이루어졌다. 국가마다 처한 상황은 매우 다양한데(독일의 생태 의식은 미국보다 훨씬 앞서 있다), 과학계가 촉구하는 빠른 전환에 대한 대중의 요구는 고르지 못하고 변화가 심했다. 최근 수십 년에 걸쳐 탈정치화 경향을 띠게 된 대중은 사회 조직의 대안이 가능할 수도 있다는 감각을 상실하고 있다. 또한 소비지상주의가 깊게 파고들면서 삶의 조건들을 위험에 빠뜨리는 바로 그 체제에 대중이 관여하고 있음을 제대로 보지 못한다. 기후변화를 부정하는 자들의 거짓말은 미국의 석유 회사 엑손이 만들어낸 것일 수 있지만, 그 거짓말을 기꺼이 믿은 책임은 엑손에게 있지 않다. 기후변화를 믿지 않는 의심의 씨앗들이 비옥한 토양에 널리 뿌려진 형국이다.

따라서 인류세를 초래한 특정한 인간의 활동이 기술 산업주의에 뿌리를 두고 있다면, 이러한 경로를 변화시키자는 목소리에 거부하는 감정은 그렇지 않다. 나는 다른 지면에서 기후변화의 불편한 진실을 피하고 축소하고 부정하는 데 이용하는 다양한 심리적 '대응전략'을 나열한 적이 있다.[13] 이 전략들은 단순한 심리적 성향만이 아니다. 이런 형태의 거부반응은 의심을 조장하는 기업들의 권력과 경제 성장에 대한 집착, 기술로 해결 가능하다는 믿음, 단기 이익만 생각하는 정치구조, 소비지상주의의 체질화에 이르기까지 문화적으로 깊이 뿌리 박혀 있을 뿐 아니라 사회적으로 조직화되어 있다. 상황이 이렇기는 하지만 회피하고 부인하는 것이 여전히 인간의 특성이라는 사실은 적어도 성서의 "욥기"(the Book of Job) 시대 이래 주지의 사실이다.

따로 떨어뜨려 생각하면 특정 개념과 보편적인 개념이 모두 제대로 기능하지 못하는 딜레마를 헤쳐 나갈 방법이 있을까? 우리는 어떤 식으로든 산업자본주의의 발생을 종의 역사와 지질학적 역사가 복잡하게 얽힌 더 넓은 틀 안에서 생각해야 한다. 이런 맥락이 없다면, 18세기 후반 기술 산업주의의 도래는 영국의 식민모험주의와 권력의 이동과 함께 무작위적인 기술 혁신으로 펼쳐진 우발성에서 기인한 우연한 역사적 사건으로 이해될 뿐이다. 그리고 이런 경우 종의 역사와는 아무 관련도 없다.

차크라바르티는 그 자신도 우리가 새로운 시대에 "우연히 진입하게 되었다"고 믿는다. 그러나 종의 개념이 인류세와 관련된 이야기의 일부가 되려면, 기술 산업주의의 발생이 어떤 의미에서는 인류의 더 광범위한 역사 안에 포함되어야 한다. 즉 근대의 산업화된 인간보다는 일반적인 인간의 동력 안에서 이해하되, 그 안에서 기술 산업주의의 특정한 모습으로도 나타나는 것이다. 타고난 탐욕, 지배권을 주장하는 끝없는 욕망, 혹은 유전적으로 각인된 경쟁력에 대한 호소를 인류학적으로 옹호하는 것은 어렵다. '인간 본성'의 어떤 면이 인류세의 전환으로 이어졌다는 것은 타당한 주장이 못 된다. 어쨌든 결국에는 인간이 생존하기 위해 이동하고 투쟁한 것 외에는 그다지 많은 활동을 하지 않은 19만 3천 년의 시간이 흐르고, 농업과 문명이 시작된 이후 7천 년이 지나, 산업이 시작된 이후 300년이 지나고, 지구의 자연적 경계를 벗어날 정도로 걷잡을 수 없는 성장이 지속된 70년이 흐른 뒤 인류세가 도래한 것이다.

해결책을 위한 첫 단계로 생물학적 관련을 생각하지 않을 수 없는 '종'이라는 범주를 제쳐놓자는 것이다. 생물학적으로 호모 사피엔스는 진화계통수의 가지 맨 끝에 위치한다. 종적 사고가 인류세를 설명하는 데 무비판적으로 수용되면서 그러한 사유를 포함한 과학적 인식론도 수용되고 있다. 그러나 '종의 역사'에 관한 담론은 생물학적 역사를 넘어설 수 없다.

우리는 종의 역사가 아니라 **인류**의 역사라는 측면에서, 다른 생물과 공유하는 부분(생태학적 한계, 자원에 대한 경쟁, 유전)보다는 인간의 고유성에 중점을 두고 생각해야 한다.[14] 인간의 고유성이 인류세의 직접적 원인으로 작용했던 특정한 역사적 상황(분열, 사회구조, 발명, 정치)을 전반적으로 가능하게 했다.

인간을 고유한 존재이게 하는 것은 **세계를 만드는 인간의 능력**이다. 우리가 만들 수 있는 종류의 세계에 항상 정해진 한계가 있다 해도, 그 안에 파괴의 씨앗이 내재되어 있다 해도, 이는 사실이다. 인간은 집단 정체성 형성, 언어, 자연에 대한 이해, 인간과 자연세계와의 관계를 비롯한 사회적·물질적 관행의 세계에서만 인간이 된다. 우리가 행위하고 생각하는 모든 것은 물질적 환경 속에 깃든 살아온 경험의 세계 안에서 일어난다. 가장 깊은 차원에서 보면, 세계는 존재의 양식이다. 가령 필리프 데스콜라(Philippe Descola)는 인간과 자연의 관계를 기준으로 존재론을 네 가지 유형[자연주의(naturalism), 애니미즘(animism), 아날로지즘(analogism), 토테미즘(totemism), 다음 장에서 살펴볼 것이다]으로 나누었다. 인간은 이러한 존재 양식 안에 위치해 있으면서 스스로를 존재로 인식한다.[15] 우리는 모두 세계 속의 세계에서 살고 있으며, 따라서 근대의 (자연주의) 세계 속에서 우리는 '비즈니스의 세계' '과학의 세계' '사상의 세계' 등에 사로잡힌 채 살고 있는지도 모른다.

세계를 만드는 자연발생적 힘이 무한하다는 (칸트철학에서 정립된) 근대의 꿈과는 대조적으로, 현재 우리는 세계를 만드는 일이 (세계를 만드는 주체와 마찬가지로) 항상 특정한 장소에 위치해 있고 맞물려 있어 우리가 만든 세계는 결코 우리가 단독으로 만든 창조물이 아니며, 무한한 세계창조에 관한 근대의 꿈들은 항상 지구의 구심력에 매여 있다는 사실을 알고 있다.

이렇게 세계는 변한다. 일반적으로 인간은 의도적인 계획에 따라 세계를 창조하지 못한다. 우리가 만드는 세계들은 우리의 등 뒤에서 서서히 윤곽을 드러낸다. 우리의 활동과 생각은 새로운 세계를 만들고, 그것들이 변화함에 따라 우리는 우리 자신과 자연에 대한 이해를 변화시키게 된다. 복잡한 세계 혹은 근대성의 세계가 서구에서 우세해지는 데 수 세기가 걸렸다(물론 그 이전에 만들어진 세계의 잔재들은 존속했다). 그리고 이러한 세계는 세계의 충돌이 일어나는 곳에서 다양한 형태의 식민주의를 통해 전파되었고, 여전히 다른 세계들과 충돌한다.

현재 만들어지고 있는 새로운 세계, 즉 인류세의 세계가 드러나고 있다. 지구 시스템 과학이 이 세계를 드러내는 포문을 열었다. 지구 시스템을 발견하고 현 시대를 인류세라고 명명함으로써 더 이상 구세계를 옹호할 수 없음을 보여주었다. 이제 우리는 살아온 경험으로 이루어진 새로운 세계를 향해 더듬거리며 나아가기 시작한다. 지구 시스템 과학은 지구를 새로운 방식으로 생각할 것을 요구한다. 또한 행성을 변형시키는 힘인 인간이 가진 물질적·기술적 능력의 측면에서 인간을 새롭게 다시 생각하되, 필연적으로 인간과 행성의 본질적인 관점도 놓치지 않기를 추동한다. 따라서 지구 시스템 과학은 우리가 이미 살고 있는 상태, 즉 지구 시스템 과정에 인간이 유발한 거대한 교란의 상태를 폭로하는 동시에 이제 막 정체를 드러내는 세계, 즉 의미와 지각 방식, 말하는 방식, 활동의 가능성에 관한 지평을 열어가는 새로운 유형의 인간이 살아가는 균열 이후의 세계를 발견했다. 인간과 인간의 환경에 관한 숨겨진 진실을 드러냈을 뿐 아니라 인간과 세계가 만들어지는 토대인 행성에 관한 새로운 진실을 열어보였다. 숨겨진 진실이 폭로되며 과거의 세계를 중심에서 벗어나게 하고 새로운 세계를 구축하도록 이끌고 있는 것이다. 지구 시스템 과학이 지구과학계에서 패러다임의 전환이라면, 이는 자기이해와 인간과 지구의 관계에 있어서 존재론적 전환을 촉발한다. 물론 안타깝게도 과학은 시대정신보다 몇 십 년 앞서 있는 게 사실이지만 말이다.

따라서 (다음 장에서 살펴볼 것처럼) 포스트휴머니스트와 존재론적 전환을 추구하는 이들이 주체-객체 이원론이 잘못되었다고 비판할 때, 그들은 이원론이 근대적 세계의 밖에서는 사실에 해당하지 않는다고 말한다. 그들은 비판에 대한 근거로 자신들의 입지를 (추상적으로) 근대의 존재론 밖에 두고 '객관성'에 대한 근대의 믿음에 깃든 허위성을 폭로했다. 그러나 근대성의 세계 내에서(우리 모두는 이 세계의 어딘가에 위치하는 게 분명하다) 주체-객체 이원론은 어느 정도 들어맞는다. 서구식 존재방식인 자연주의는 단순히 신념체계에 그치는 것이 아니라 일련의 믿음을 가능하게 해주는 **존재**의 방식이다. 그런 존재방식이 자연에 해를 끼치고 있다면, 이는 또한 삶의 조건을 변화시키는 데 거대한 영향력을 미치고 있는 것이다. 근대주의자들에게 애니미즘을 비롯한 근대 이전의 존재론에 입각해 사유하라고 촉구함으로써 주체와 객체를 구분하는 이원론을 뛰어넘을 수는 없다. 그런 권고는 말이 되지 않는다. 이원론이 어떠한 형태로 뛰어넘을 수 있다고 한다면, 지구 시스템 과학의 사유체계를 통해 이원론을 뛰어넘을 수밖에 없는 상황이라면, 이는 인류세 세계 내에서 활동하고자 분투하며 그 과정에서 '포스트주체'(post-subject)로 탈바꿈하는 주체를 통해서만 비로소 가능해질 것이다. 비록 위기의 세계를 아직 완전하게 이해할 수 없고, 지금까지는 세계를 이해하기 위한 새로운 언어도 부족한 상황이긴 해도 말이다.

인류세에 관한 직관적인 해석은 유럽에서 산업혁명의 세계를 일으키고 연이어 종전 후 거대한 가속도의 시대를 비롯해 다양한 형태의 발전을 이끈 사회적·경제적·기술적 힘을 가진 일단의 무리, 즉 근대주의자들이 구축한 특정한 세계에서 이루어진다. 이런 해석은 사회 체제에 발생하는 생태계 위기의 불평등한 착취 구조의 원인을 지적하고, 이러한 틀 속에서 정치적·정책적 해결책들이 전형적으로 검토된다. 이 같은 관점에서는 인류세가 부유한 국가의 빈민층을 포함해 가난한 사람들에게 더 큰 영향을 끼친다고 지적하는 것이 타당하다.

이것은 일반적으로 알고 있는 역사다. 하지만 기존의 역사관을 넘어서서 이제는 인류세를 지구사의 맥락에서 바라봐야 할 때다. 즉 세계를 만드는 존재, 바로 지질학적 행위자가 된 존재의 탄생을 포함하는 역사의 맥락이 필요한 것이다. 특정한 세계, 즉 근대성의 세계에서 활동하는 특정 인간들로 인해 인류세가 촉발되었다. 그럼에도 불구하고 세계를 만드는 존재로서 인간을 바라보는 이러한 견해가 새로운 지질시대의 명칭을 일반적인 인간을 포함하는 '인류세'로 결정한 것을 어떤 식으로 정당화한다는 것일까? 그 이유는 인류세가 생각할 수 있는 모든 세계, 만들어진 모든 세계의 물리적 맥락을 변화시키고 있기 때문이다. 인간의 존재가 항상 특정한 세계에 위치하고 있다면, 현재는 인류세의 세계에 위치할 수밖에 없는 상황이다. 주체가 항상 특정 세계에 맞물려 있다면, 현재 맞물려 있는 세계는 인류세라는 세계다.

특정한 세계에 위치해 있다는 것에 중점을 둠으로써 종적 담론의 생물학주의와 우주의 진화와 관련된 이야기를 둘러싼 신비화, 세계에 속하지 않은 인간이 동물처럼 으르렁대거나 천사처럼 날아다니는 서사와는 거리를 둔다. 그리고 이는 인류세의 직접적 원인이 된 기술 산업주의에 기반을 둔 근대 세계를 더 깊이 이해하는 데 도움이 된다.

신인간중심주의 vs 에코모더니즘

신인간중심주의가 에코모더니즘과 이 이론에서 큰 영향력을 발휘하는 칸트의 주체철학과 유사하다고 오해할지도 모르겠다. 사실 근본적으로 전혀 다르다. 인간이 지구상에서 변화를 이끄는 고유한 역할을 하며 핵심적인 위치를 차지하고 있는 것 같지만, 에코모더니즘은 인간의 '자발성'과 창의성이 미래를 만든다는 휴머니즘의 전통에 입각하고 있다. 반면 신인간중심주의의 인간 이해는 반휴머니즘적이다. 유한하고 길들일 수 없는 지구가 세계를 만드는 인간의 능력에 가하는 견고한 제약들을 인지하고 있기 때문이다.

에코모더니즘은 "인간화된 지구"를 불가피하며 바람직하다고 본다. 신인간중심주의의 경우, 현재 인간의 활동에 의해 교란된 지구 시스템으로서 표현되는 지구를 인간화된 지구라고 보는 시각은 불가피하지도 바람직하지도 않다고 생각한다. 실제로 우리가 현재 살고 있는 인간화된 지구는 우리가 늘 두려워해야 했던, 우리의 창조력을 오용해 만든 세계다. 에코모더니즘은 인간을 본질적으로 선하다고 보지만, 신인간중심주의는 인간을 대단히 이중적인 존재로 본다. 즉 엄청난 창의력으로 일신할 수 있는 존재이며 동시에 파국을 부르는 오만으로 도를 넘어설 수 있는 존재다. 신인간중심주의는 전체를 궁극적인 선으로 보지 않고 항상 선과 악, 더 정확히 말하면 우리를 존속시키는 것과 우리를 파괴시키는 것 사이에서 유보된 시각으로 본다. 또한 결국에는 모든 것이 잘될 것이라는 무언의 믿음도 전파하지 않는다. 사실 자연의 급변하고 억제할 수 없는 힘은 우리 인간이 자연을 너무 강압적으로 혹사시킬 경우 언제든 맹렬하게 활동에 나설 것처럼 위협한다. 우리가 지금까지 자연을 혹사시켜 왔던 것처럼 말이다. 에코모더니즘은 늘 경외의 대상이었던 자연의 대항하는 힘을 인식하지 못했다. 이런 사실은 어째서 에코모더니스트들이 인류세에 '순진한 희망'이라는 당의(糖衣)를 입힐 수 있는지 그 이유를 이해하는 데 큰 도움이 된다.

따라서 오늘날 에코모더니스트에게 기술적으로 정교한 인간은 일시적인 환경의 퇴보를 초월할 수 있는 존재다. 마치 자연을 줄곧 길들여왔고 이제는 우리가 자연 위에 군림해야 할 때라고 생각하는 듯하다. 그들은 니체(Friedrich Nietzsche)의 광인(狂

ㅅ)이 광장으로 달려나가 신을 죽임으로써 근대를 열었던 자들에게 던지는 질문, "신을 죽인 행위의 위대함은 우리가 감당하기에 너무 지나치게 위대한 것이 아닐까? 그런 행위를 할 자격이 있는 것처럼 보이기 위해서라도 우리 자신이 신이 되어야 하지 않을까?"에 "아니!"라고 외쳤다가 나중에는 다시 '맞다'고 수긍한다. 에코모더니즘의 중심 기관인 브레이크스루 인스티튜트에 따르면, "인간은 기술공학을 활용해 행성을 변형시킴으로써 급증하는 인구를 계속 부양할 수 있는 여력이 있는 것으로 보인다."[16] 그들은 진보의 내재된 동력을 통해 결국 생태계 훼손의 부정적 경향을 지양하거나 혹은 그러한 부정성이 변화를 위한 긍정적인 힘으로 동화될 것으로 간주한다. 이런 결과는 순응적이면서도 회복력이 강한 자연과 자연에 대한 지배권을 쥔 창의적인 종 사이의 협력에서 얻게 된 것이다. 신학에서 인간이 신의 모습을 본뜬 신의 피조물이고 언제나 더 큰 힘에 예속된 존재라면, 에코모더니즘의 인류학에서 인간은 자연이 가장 높은 차원의 살아 있는 형태로 빚어낸 자연의 피조물이다. 현재 자연은 인간을 통치하는 힘을 가진 존재가 아니다. 형세는 역전되어 인간이 자연을 지배한다.

에코모더니스트에게 지구 시스템의 위기로서 도래한 인류세는 퇴보의 상징이 아니라 극복을 통해 더 높은 단계로 도약하게 해주는 전환을 의미한다. 이 세계의 고통이 다른 세계의 보상에 의해 상쇄되는 것이 아니라 단기간 동안 견뎌야 하는 고통은 좋은, 더 나아가 **위대한** 인류세가 구축한 경이로운 세계에서 정당화될 것이다.

에코모더니즘을 대변하는 주요 인사들의 말에 따르면, 우리는 지구 정원을 가꾸게 될 것이고, 이곳은 "거의 모든 사람들이 건강하고 자유롭고 창조적인 삶을 영위할 수 있을 만큼 번영할 것이다."[17] 가령 체제 비평가들이 스스로 자초한 실의에서 벗어날 수 있다면, 인간과 자연 사이의 대립은 해결될 수 있고 기후 변화는 기술을 통해 대면하고 극복할 수 있는 시련임을 알게 될 것이라고 에코모더니스트들은 말한다. 유토피아를 단념하기에는 너무 이를 뿐더러 인류세는 우리가 종국에는 유토피아에 도달하기 위해 거쳐갈 필요가 있는 뜻밖의 난국이라는 것이다.

에코모더니스트가 휴머니즘을 표방하는 것처럼 서술하고 있지만, 그들은 구조적으로 신정론, 즉 신의 궁극적 자비를 증명하고자 하는 신학적 논거에 해당하는 방식으로 인류세를 해석한다. 기독교 변증론에서 고통이 존재하는 세계 속에서 신의 선의를 최초로 증명하려고 시도한 이는 아우구스티누스(Augustine)로 여겨진다.[18] 이후 라이프니츠(G. W. F. Leibniz)가 그 뒤를 이어 [《신정론》(*theodicy*)이라는 책에서] 더욱 광범위한 시각에서 바라보면 악한 행위도 전체가 기능하는 데 필요하다고 주장했다. 극악무도한 범죄를 신이 묵인하는 것처럼 보이는 것이 이해되지 않을 수도 있다. 하지만 이마저도 신의 더 큰 자비를 드러내는 데 일조하는 것으로 이해되어야 한다. 라이프니츠의 명쾌한 경구에 따르면, "모든 일은 최선의 방향으로 일어난다." 또는 알렉산더 포프(Alexander Pope)의 당혹스러운 말에 따르면, "존재하는 것은 무엇이든 다 옳다." 이는 볼테르(Voltaire)가 매독에 걸린 거지의 상태로 전락해서도 낙관적인 시각을 버리지 못했던 팡글로스 박사(Dr. Pangloss, 볼테르의 풍자소설《캉디드》에 등장하는 인물–옮긴이)의 모습으로 풍자했던 정서다. 그의 사랑스러운 성격적 특징은 자기기만에 빠진 삶의 철학이 되었다.

따라서 신정론은 자비로운 신이 창조한 세계에 악이 존재한다는 사실에 대응하기 위한 이론이다. 격렬한 신학적 논쟁이 세속화되기까지 그리 오랜 시간이 걸리지 않았다.[19] 헤겔의 철학적 체계는 악을 세계사의 더 큰 운동에 포함된 것으로 간주했으며, 세계사의 목적이자 종점은 정신 혹은 마음의 완전한 실현이다. 이런 견해를 관철시키기 위해 헤겔은 지금처럼 당시에도 일반적이었던 관념, 즉 세계는 '궁극적인 설계'에 따라, 헤겔의 경우에는 자기의식의 전개에 따라 움직인다는 관념을 고수할 필요가 있었다. 우리가 아무리 세계의 특정한 상황들로 인해 후퇴를 한다고 해도 세계는 예정된 대로 영광스러운 대단원에 이르는 경로를 따라 펼쳐진다. 이런 방식으로 악은 형이상학의 영역으로 올라서게 되어 더 이상 단순히 도덕적 질문에 머물지 않는다. 헤겔 이후 마르크스 또한 고통에 대한 도덕적 설명을 거부했으나, 그는 악을 형이상학의 영역에서 물질의 영역으로 끌어내렸다. 프롤레타리아트, 즉 무산계급이 점점 더 비참해지는 현실은 계급 없는 유토피아를 실현하는 데 필요한 단계로 간주되었다.

'좋은 인류세'라는 에코모더니스트들의 주장은 전체의 궁극적인 선, 즉 위협적으로 보이는 구조적 장애물, 고통, 타락을 종국에는 뛰어넘고 물리치는 선에 대한 믿음에 근거한다. 그런데 이런 믿음이 거의 표현되지 않는 것은 이 믿음의 은밀한 힘을 시사한다. 좋은 인류세의 세계에서 새로운 지질시대는 일촉즉발의 위험이 아니라 "지구의 미래를 내다보는 전망" 혹은 '에코모더니스트 선언'의 표현대로 "인간의 능력과 미래에 대한 낙관주의적 견해"로 환영받는다. 실제로 그들은 위대한 인류세의 도래를 "다양한 생물이 존재하고 번성하는 행성에서 보편적인 인간의 품위"를 지닌 시대로 진입하는 것이라고 여긴다.[20]

기후변화는 근대화 과정에서 생겨난 해결할 수 있는 부작용, 즉 성장과정에서 저절로 해결될 성장통 정도로 여겨진다. 라이프니츠의 《신정론》에서는 모든 것이 선을 위해 존재하는 것이 신의 뜻이라고 확신한다. 반면 에코모더니즘에서 선의가 우세할 거란 확신은 인간의 창의성과 개선을 지향하는 욕망을 통해 이루게 되는 진보다. 그리하여 에코모더니스트는 **신**정론(神正論, theodicy) 대신 인간 주도적 진보가 신을 대신하는 **인**정론(人正論, anthropodicy)을 설파한다. 널리 전파될 선은 남자와 여자들의 마음이 아니라 만물의 질서, 인간의 창의성과 지략을 동원하는 질서 속에 존재한다. 결국 좋은 인류세에 대한 에코모더니스트의 견고한 신념은 섭리라는 개념을 세속적으로 표명하는 것이다. 여기서 인간의 운명을 이끄는 주체는 신이라기보다는 인간이다. 우리가 미래를 보았는데, 그 미래는 밝다.

'좋은 인류세' 논거의 구조는 본질적으로 헤겔 철학의 신정론이다. 여기서 생태 파괴로 해석되는 악은 역사를 전진시키는 데 필수적인 대척점으로 이해된다. 악은 보편적 번영을 향한 멈출 수 없는 진보로 해석되는 절대적 상태를 실현하기 위해 필수적인 것이다. 헤겔은 그의 신정론을 인간의 자유가 펼쳐지는 과정 속에 새겨 넣었는데, 이는 "사유하는 정신이 존재의 부정적인 측면과 화해할 수 있도록 악의 존재를 포함한 세계의 모든 해악을 우리가 이해할 수 있게 할 것이다."[21]

18세기와 19세기에 신정론은 격렬한 논쟁을 일으켰다. 임마누엘 칸트는 부도덕하고 신성 모독적이라며 신정론을 비판했다. 신정론이 우리가 신에 대해 알 수 있는 정도를 넘어섰기 때문이었다. 우리는 신이 원하는 바를 알 수 없다. 그렇다면 "우리는 전체를 위해 무엇이 최선인지 판단할 수 없다."[22] '좋은 인류세'에 반대하는 칸트철학적 논거를 구성해 본다면, 우리가 인류세의 궁극적인 결과를 알 수는 없을 것이라는 점이다. 이유인즉, 지구 시스템의 움직임을 예측하고 통제하는 것은 우리의 능력을 초월하며, 최근 지구 시스템의 기능에 균열이 일어나며 이런 경향이 더 심화되었기 때문이다. 지구는 항상 불가사의하고 난해한 어떤 부분, 즉 "나눌 수 없는 잔여"를 포함하고 있다. 또한 홀로세에서 인류세로 전환하는 과정에서 우리는 지구를 불완전하게 이해할 수밖에 없고, 과거에 비해 조절하기 훨씬 어려운 새로운 힘들이 촉발되었다.

한편 지구 시스템에는 에코모더니즘의 입장과 달리 인간의 통제 아래 머물지 않으려는 '불가사의한' 반항적 상태가 존재한다. 그런데도 에코모더니스트는 우리가 살고 있는 생물권의 번영을 지속하는 데 지장을 주지 않는 사회구조와 제도를 만드는 것이 명백하게 실패로 이어질 것이라는 예측도 인정하지 않은 채, 지구가 제공하는 가능성과 양립하지 않는 세계를 계속해서 만들고자 의지를 다진다.

또한 좋은 인류세에 관한 논거가 신정론과 유사한 구조를 보이는 점은 본질적인 정치적·도덕적 결함에 대해 주의를 환기시킨다는 것이다. 신정론이 비평가들에게 비난을 받는 이유는, 상황을 변화시키지 않고 수용하고자 하는 **정적주의**(quietism)로 이어졌기 때문이다. 고통이 신의 더 큰 목적에 복무하기 때문에 정당화된다면, 우리는 조용히 고통을 받아들일 뿐 세상을 바꾸고자 시도해서는 안 된다. 우리는 세상을 섭리에, 인간의 운명을 신의 인도 아래, 즉 "도덕적이지만 고통 받는 이들의 불평"에 의해 무너진 "거대한 계획"에 맡겨야 한다고 폴 리쾨르(Paul Ricoeur)는 말한다.[23] 에코모더니스트는 좋은 인류세의 도래를 기다리며 명상에 잠겨 앉아 있는 정적주의자가 아니다. 오히려 그들은 인류세의 진입에 일조하기를 바란다. 그들의 정치적 참

여는 정해진 경로가 목적지에 도달하는 것을 돕는 데 있으며, 실제로도 핵에너지 사용에 대해 과도하게 목소리를 높인다. 그들의 과업은 기존 체제가 미래의 전망을 이룰 수 있는 기회를 갖도록 체제를 보호하고 방어하는 것이다.

수잔 니먼(Susan Neiman)은 《근대 사상에서의 악》(*Evil in Modern Thought*)이라는 신정론에 관한 연구서에서 "섭리는 부유층이 발명한 도구로, 그들이 억압하는 자들을 속여 침묵의 인내로 이끌려는 속셈이다"라고 서술했다.[24] 좋은 인류세를 만들어낸 것도 마찬가지라고 할 수 있다. 기존 체제에 항의하고자 하는 희생자들에게 새로운 새벽이 밝아올 것이라는 황금빛 약속으로 속여 침묵의 인내로 이끌려는 것이다. 그들은 고통 받는 이들에게 이렇게 말한다. "체제를 비난하지 마라. 당신에게 그 체제는 유일한 희망의 근원이다."

기 술 을   찬 양 하 며

인류세에 관한 초반의 논의가 인간으로 인한 지구 생태계의 교란에 초점을 맞췄다면, 이제는 인류세의 더 심대한 의미에 주목하고 있다. 인간이 행성의 작용에 영향을 미침에 따라, 행성이 예측 불가능하고 제어하기 어려우며 불가해한 반응을 보이는 증거에 논의의 초점이 모아지고 있다. 지구가 "강력히 맞서고 있다"면, 기술의 발전이 유토피아를 가져올 거란 믿음을 가진 기술유토피아주의자들의 대응책, 이를테면 지구에 도달하는 태양광의 양을 조절해 기후 시스템을 통제하려는 태양지구공학 기술은 질서를 부여하고, 지배력을 행사하고, 인간의 이익을 위해 행성 전체를 조정하려는 에코모더니스트들의 최후의 발악처럼 보일지 모르겠다. 우리가 기술을 통해 행성을 통제할 수 있다는 희망을 품고 있는 한, 기후 위기가 우리에게 던지는 불편한 질문을 대면하지 않아도 되기 때문이다. 그러나 어떤 사람들에게는 지구 표면에 도달하는 태양 복사열의 양을 조절한다는 생각이 스테로이드에 대한 과신처럼 오만으로 느껴진다. 물론 또다른 이들에게는 지구의 반격을 가라앉히는 효과로 다가온다. 자연계는 진정되고, 자연을 조작해 목적에 맞게 변형시키는 인간의 능력은 재확인되는 과정으로 여기는 것이다.

지구 시스템 과학은 인간이 지구의 지배자로 군림하는 기존의 생각에 의문을 제기한다. 반면 기술유토피아주의와 결과를 중심으로 행위나 사건을 평가하는 결과주의 철학의 강한 해석은 지구에 대한 지배의식을 강화한다. 이런 확신 때문에 기후과학자들의 냉엄한 경고와 기후변화를 보여주는 초기 징후들에 동요하기는커녕, 자기 신념과 미래에 대한 자기만족적 희망이라는 따뜻한 물속에서 유유자적하고 있다. 문학비평가인 테리 이글턴(Terry Eagleton)은 이와 밀접한 관련이 있는 생각을 피력했다. "낙관주의자가 보수주의적인 이유가 있다. 미래가 밝을 것이라는 그들의 믿음은 현재가 본질적으로 견고하게 구축되어 있다는 확신에 뿌리를 두고 있기 때문이다."[25]

위에서 조심스럽게 언급한 비판적 발언들로 인해 내가 인간의 창의성과 기술의 효용을 믿지 않는 것처럼 여겨질지 모르겠다. 그러나 사실 나의 논거는 반(反)기술적이지 않다. 오히려 그반대다. 창의성(기술적 발명을 포함하지만 결코 기술에만 국한하지는 않는 창의성)은 인간, 즉 세계를 만드는 존재를 규정짓는 특징이다. 지구상에서 우리의 과업은 우리를 둘러싼 세계를 변화시키기 위해 창의성을 활용하는 것이다. 창의성을 통해 인간과 자연계가 **함께** 번영하고 무한한 잠재력을 끌어내고자 노력하는 것이다. 이런 소기의 목적을 달성하는 데 있어 기술이 가장 큰 가능성을 열어주지만 또한 가장 큰 위험을 품고 있기도 하다. 혹은 기술을 구체화하는 과정이 오늘날 문제의 근원이기 때문에 특정한 사회구조와 제도에 깊숙이 뿌리내린 기술이야말로 가장 큰 위험을 상징한다고 말하는 것이 더 정확할 것이다.

인간의 창의성은 인정할 만한 가치가 있지만, 인간이 지구상에서 '두 번째 창조'를 열망하며 '창세기'의 신을 모방하는 과대망상으로 흐를 수 있는 위험은 늘 존재했다. 두 번째 창조는 17세기에 프랜시스 베이컨이 쓴 가상의 이야기에서 처음 구상되었다. 베이컨은 하느님이 6일 동안 세상을 창조했다는 것에 착안해 '엿새 동안의 대학'(College of the Six Days Work)이라 이름 붙인 학술원이 관장하는 과학기술적 유토피아에 대한 비전을 담았다. 프레드릭 알브리튼 존슨(Fredrik Albritton Jonsson)은 영국의 농업과 조경 분야에서 이러한 구상이 현실에서 구체화되는 과정을 추적하는 연구를 진행하고 있다.[26] 그러나 이는 19세기 백인 정착민들이 미국 서부 정복을 정당화하고 고취하기 위해 내세운 명백한 운명론의 사례에서 볼 수 있듯이 인간지상주의를 낳았다. 정착민들은 신대륙을 에덴동산으로 변모시키는 데 도움이 되는 기술을 신의 선물로 여겼다. 두 번째 창조에 대한 비전은 20세기 미국의 전후 수십 년 동안, 꿈에도 생각하지 못했던 핵분열에서 나오는 동력에 의해 촉발되어 절정에 달했다. 미국인의 정신세계에 깊이 뿌리내린 이 같은 창조에 대한 비전은 어째서 기후공학에 대한 신념이 유럽보다 미국에서 더 강한지, 어째서 사전예방 원칙의 호소력이 미국에서는 약한지(그리고 어째서 일부 복음주의 그리스도인들이 유람선을 타고 빙하가 녹고 있는 남극 주변을 순회하다가 맨땅을 드러낸 대륙을 보고는 새로운 에덴동산으로 거듭나리라는 기대를 품고 씨앗을 뿌리는 장면이 목격되었는지에 대해서도) 이해하는 데 도움이 된다.[27]

베이컨의 유토피아 소설이 발표된 직후, 신의 전능함을 꿈꾸는 열망에 담긴 위험성을 경고하는 말들이 워즈워스(William Wordsworth), 횔덜린(Friedrich Hölderlin), 존 러스킨(John Ruskin)의 펜에서 쏟아져 나왔다.[28] 훗날 비평가들[슈펭글러(Oswald Spengler)에서 하이데거(Martin Heidegger), 조지 오웰(George Orwell)에 이르기까지]은 자연을 지배하려는 열망이 필연적으로 인간을 지배하려는 욕망으로 나아가리라 믿었다. 그러나 주목할 점은 기술이 인간을 지배하게 될 것이라는 전망이 아니라 인간이 기꺼이 자발적으로 기술에 종속될 것이라는 점이다. 우리 인간은 그간 얼마나 가볍게 우리의 자주성을 포기해 왔던가.

베이컨은 과학과 기술이 중립적이고 수동적인 지구에 영향력을 행사한다고 보았다. 현명한 인간들로 구성된 그의 학술원이 있는 한, 지구가 훼손될 가능성은 없었다. 하지만 18세기 말 무렵, 산업이 시골 지역과 도시에 불쾌한 흔적을 남기면서 저항을 불러오기 시작했다. 일각에서 우려하던 일이 명백하게 현실로 드러난 것이다. 횔덜린과 노발리스(Novalis) 같은 낭만주의자들이 내비쳤던 우려가 널리 퍼졌다. 괴테(Johann Wolfgang von Goethe)는 그들과 조금 다른 입장을 취했다. 그에게 산업화는 인간의 창의성을 드러내는 하나의 방식으로서, 환영할 만한 것이었다. 하지만 아드리안 윌딩(Adrian Wilding)의 해석에 따르면, 《파우스트》 2부에서 괴테는 인간의 기술적 업적에 대단히 끌리기도 했지만 기술에 잠재된 도덕적 위험성에 대해서도 인지했다.[29] 괴테에게 있어 인간의 창의성은 신의 선물이자 인간의 품성을 시험하는 재능이다. 우리는 그 재능을 활용해 우리 자신을 신에게서 분리시키고 신의 능력을 빼앗고자 할 것인가? 아니면 신의 은총에 어울리는 겸손함을 가지고 그 재능을 사용할 것인가? 그 어떤 덧없는 육체적 쾌락에도 넘어가지 않은 파우스트였지만, 기계적 수단—"육지를 잘 가다듬고"(《파우스트》 2부 5막에서 인용한 표현으로, 파우스트는 해안지대를 메워 새로운 토지를 개척해 이상적인 국토를 세우고자 한다─옮긴이)—을 통해 유토피아를 건설하는, 신에 버금가는 힘을 사용할 수 있는 유혹 앞에서는 악마와의 내기에서 지고 영혼을 내줘야 하는 궁지에 몰린다. 기술력이라는 신의 선물에는 조건이 따라붙는다. 도덕적으로 책임감 있는 방식으로 기술력을 사용해야 한다는 조건이다. 만약 그렇게 하지 않으면 기술이 우리를 지배할 것이다.

괴테와 마찬가지로 나 또한 기술을 반대하지 않는다. 인간의 창의성을 발현하는 방식으로서 기술을 환영하지만 그것이 오만으로 치닫는 경향에 대해서는 경고하는 것이다. 기술은 우리의 일상을 편안하게 해주며 감사한 마음을 불러일으키기도 하지만, 프란치스코 교황의 표현처럼 "기술관료적 패러다임"은 인간의 몰락을 가져올 위험이 있다. 지구공학 기술 중에서도 지표면에 닿는 태양광의 총량을 조절하기 위해 초고층 대기에 황산염을 분사하고자 하는 계획만큼 기술의 위험성을 잘 보여주는 사례는 없을 것이다. 그러나 동시에 기술은 인류가 천혜의 풍요로움을 누릴 수 있게 해주는 수단이므로, 기술이 정치·경제계를 지배할 때 항시 따라오는 위험성을 자각하며 자연의 은혜를 중히 여길 수 있는 기회이기도 하다.

3

친구와 적

다 시 부 활 하 는 거 대 서 사

인간의 경험을 하나의 서사로 정리하고 해석하는 거대서사 (grand narrative)는 이제 한물간 개념이다. 계속 전개 중인 인간 의 역사를 공통으로 적용되는 규칙으로 판독하려는 것은 인간 에게서 자주성과 다양성을 빼앗는 것으로 보인다. 보편적 이성 의 힘에 의해 기능하는 과거의 거대서사들, 가령 미신에 대한 이 성의 점진적 승리, 근대화 이론과 자유자본주의의 거침없는 확 산부터 정신의 변증법적 진보 과정과 지구상의 모든 유토피아 에 이르는 거대서사들은 다양한 세계를 유럽 중심적인 이데올 로기 아래 묻어버렸다. 명시적이든 암묵적이든 간에 보편적인 인간의 진보에 관한 목적론은 특권을 가진 유럽 백인 남성들의 세계관에서 비롯되었다는 것이 드러났고, 그 후로는 더 이상 옹호할 수 없게 되었다. 오늘날 새로운 시각에 의하면, 주어진 문화적 조건과 상태에 따라 인간은 천차만별한 미래를 만들어간다. 지구상에 집단적인 존재로서 나아가는 단일한 방향은 없다는 것이다.

근대의 거대서사에 대한 신념에는 우월주의가 깃들어 있었다. 또한 이러한 신념은 지켜지지 않은 약속에 대한 실망에 직면했다. 역사의 동력으로 지목된 진보가 기득권의 이익에 기여하는, 근거 없는 믿음으로 여겨진 것이다. 기득권은 권력을 가지지 못한 일반 대중에게 역사라는 무지개 끝에 이르면 상상 속의 황금 항아리가 있을 거란 헛된 환상을 심어주며 그들을 무력화시켰다. 리오타르(Jean Francois Lyotard)의 말을 빌리면, 거대서사의 또 다른 표현인 메타서사는 권력층의 논리를 "합법화하는 장치"로, 권력에서 배제된 이들, 사실상 수많은 서사들의 교차지점에서 살아가는 우리 대다수의 불신으로 인해 점차 쇠퇴되고 있다.

하지만 보편적 인류를 공동의 프로젝트에 합류시켜 근대의 이야기를 구성하려던 시도가 실패했다고 해서 모든 인간을 한데 모으는 이야기가 불가능한 것은 아니다. 인류세의 도래야말로 전체 인류를 포괄하는, 최근 등장한 서사의 새로운 근거로 정당화되지 않겠는가? 인류세는 모두를 통합하는 대단한 사건으로 도래한다. 물론 지역 세계들도 여전히 중요하다. 하지만 지구 시스템 과학에 따르면, 우리는 수많은 지역 세계들의 집합에 불과한 지구에 살고 있는 것이 아니다. 우리는 지역적인 세계를 능가하는, 역동적이고 진화하는 전체로서 점차 모든 지역의 운명을 판가름 짓는 지구에 살고 있다.

모든 인간이 인류세의 도래에 책임이 있는 것은 아니지만, 모든 인간은 인류세의 지구에서 살아야 할 운명이다. 새로운 서사는 단순히 과거의 서사를 다시 창안해 낸 것이어서는 안 된다. 인류세의 첫 번째 가르침에 따르면, 새로운 '역사철학'은 반드시 인간과 지구를 하나로 합쳐 생각하는 통합된 역사여야 하기 때문이다. 이런 측면에서 새로운 거대서사는 역사적 흐름을 통합해 위에서부터가 아니라 인간과 지질학적 역사의 수렴을 통해 아래에서부터 인식되어야 한다.

역사의 진보를 설명하는 보편적 이성의 힘이 거부되면서 거대서사도 함께 부정된다면, 인류세에서 나타나는 새로운 이야기는 과연 무엇이 될까? 그것은 이 책에서 과감히 밝히고 있는 인간의 서사이며, 새로운 지질학적 시대의 그늘 아래 살아가게 된 삶의 서사다. 인류세에서 전 지역들은 전 지구적인 상황에 지배되고 있으며, 역사의 사건들은 이미 전 지구적인 환경 변화의 흔적을 보여준다. 또한 전 세계인들의 생활은 인간의 흔적이 새겨진 '자연' 사태에 점점 더 예민해지고 있다. 국가들 간의 관계는 반격에 나선 지구에서 곤경을 헤쳐 나와 적응하는 쪽에 초점을 맞춰 맺어지고 있다. 이 새로운 서사에는 '인간화된 자연'의 그늘 아래 다양한 사건을 한데 모으는 힘이 있으며, 이러한 서사의 실마리는 지역적 관습이나 이해보다는 지구 시스템 과학의 확고한 논리에서 발견할 수 있다. 이는 문화적 생산과 미적 창의성의 방향 전환을 요구하는 인간과 자연의 서사로서, 새로운 시대의 도래를 계기로 광대한 변화로 이어질 것이다.

이런 서사가 하나의 이야기 속에 모든 인간을 망라하고 있으나, 또 한편으로는 이전의 모든 메타서사와는 다른 방향으로 갈라지며 거대서사가 약속한 것들, 아니 오히려 약속하지 않은 것들로 향한다. 새로운 서사는 보편적 자유를 약속하지도, 인간의 잠재능력이 전성기를 맞이할 거라 전망하지도 않는다. 오히려 그 반대다. 인류세 서사에서 행복한 결말에 대한 약속은 없다. 그것은 우리가 믿고 싶은 이야기가 아니다. 어쩔 수 없이 받아들여야 하는 이야기다. 인류세에 나타난 새로운 서사는 홀로세 후기의 번영에 대한 낙관적 전망에서 인류세 초기의 음울한 방어적 태도로 전환되는 시대정신에 마음의 문을 열라고 촉구한다.

과거의 서사들과 비교하면 이러한 서사가 불리한 조건을 가지고 탄생한 것은 사실이다. 새로운 서사가 실패에서 잉태된 것이고 진보를 약속할 수 없다면, 어떻게 사회적 움직임을 주도할 수 있겠는가? 그러나 하나의 서사가 진실을 말하는 기능을 수행한다면, 현재 우리가 어느 지점에 와 있고 우리가 어떤 존재가 되어가고 있는지 설명해 줄 수 있다면, 그것만으로도 충분하다. 결국 과거의 서사들은 진보를 약속했지만 진실을 말하지는 않은 채 거대서사에 현혹된 이들이 원하는 것을 어떤 식으로든 합리화하는 데 기여했다. 내가 대실패의 서사를 옹호하며 상황을 되돌리기에 너무 늦었다고 주장한다고 해도 새로운 서사에 담긴 진실은 그래도 아직은 최악의 상황을 모면할 수 있다는 가능성을 보여준다.

근대적 성격의 거대서사가 지배질서와 권력관계 구조에 합법성을 부여했다면, 이제 인류세가 도래함으로써 합법성을 잃게 된다. 포스트모던 비평가들이 제시하듯이 과학이 지배질서를 합법화하는 서사로 기능하고 있다면, 이제 지배질서는 과학으로부터 공격받는 처지에 놓이게 되었다. 새로운 서사는 기득권을 위해 복무하지 않으며, 다만 그들의 완벽한 실패를 드러낸다.

하지만 근대의 서사처럼 다가오는 인류세의 서사 또한 일종의 보편적 이성(지난 30~40년 동안 고심해 정립하고 계속해서 진화 중인 지구 시스템 과학의 논리)에 호소한다. 문화적 관점에 대한 그 어떤 호소로도 지구 시스템에서 말하는 엄연한 사실을 피해갈 수 없다. 이토록 곤란한 지구 시스템이라는 대상이 우리의 미래상에 들어와 자리를 잡을 것이다. 포스트모더니즘의 세계가 지식, 언어, 텍스트의 세계로 진입한다면, 인류세의 세계는 우리를 '쿵' 하고 지구로 되돌려놓는다. 그러나 이는 행동에 대한 지침으로 기능하는 보편적 이성의 힘에 대해 근대인이 갖는 신념에 전혀 위로가 되지 않는다. 이성의 정신이 온화하며 이성의 적용은 필연적으로 선(善)에 복무한다는 가정에 위배되기 때문이다.

그리하여 우리는 지구 시스템의 궤도에 끌려들어가게 되었다. 더 이상 우리가 국지적인 환경에서 살아가고 있다고 믿을 수 없게 되었다. 지구 시스템 과학은 지구 전체에 관한 역사를 이야기한다. 부유한 백인만이 아니라 모든 인간이 자연의 힘으로 작용할 정도로 강력해져 심원한 역사 속으로 들어가 지질연대표에 영향력을 새기게 되는 이야기인 것이다.

새로운 기원을 여는 이러한 사실은 2015년 말 파리에서 열린 기후변화회의에서 어느 정도 인정되었다. 지난 20차례의 회의에서 문제가 된 북반구 선진국과 남반구 개도국 사이의 반목이 더 이상 회의 분위기를 주도하지 않았다. 인도를 제외한 개도국에 속한 큰 국가들은 애초에 문제를 발생시킨 선진국에게 문제 해결을 요구하는 것만으로는 더 이상 충분하지 않으며, 그들 역시 지구온난화에 대한 책임이 커져가고 있음을 깨달았다. 또한 과학계의 경고를 충분히 이해하게 되면서 그들 국가의 국민들에게 미칠 위협을 실감했다. 애초에 원인을 제공한 선진국이 문제를 해결하지 못한 것은 용서받지 못할 과오이며 지금도 여전히 그렇다. 그러나 개도국이 선진국을 비난하는 서사는 이미 상황이 변했기 때문에 "인류 전체가 행동해야 하는" 서사로 전환되었다. 선진국과 개도국의 시민단체들이 수년 간 벌인 운동들이 마침내 결실을 맺은 것이다.

2009년 코펜하겐 기후변화회의 전만 해도 중국의 원자바오 (Wen Jia Bao) 전 총리는 서구세계의 역사적 의무를 강조하며 기후협약에 협조하지 않았다.[1] 하지만 6년 후에는 더 이상 이런 기조를 유지할 수 없었다. 현재 중국은 세계에서 가장 많은 탄소를 배출하고 있으며, 중국 국민 1인당 평균 온실가스 배출량은 유럽의 평균 배출량보다 더 많다. 남반구 개도국의 탄소배출량은 곧 북반구 선진국의 배출량을 넘어설 전망이며, 수십 년 내에 개도국의 전체 배출량이 선진국의 전체 배출량을 능가할 것으로 보인다. 기후변화의 근본 원인이 지구 시스템 기능에 혼란을 가져온 인간의 활동 때문이라고 한다면, 이러한 사실들은 선진국은 물론 개도국의 책임도 커짐을 뜻한다.

인류세가 전개됨에 따라 이 시대 동안 겪게 될 경험은 저마다 다양하다. 그 중에서도 전 세계의 빈민층과 취약계층이 가장 부당한 희생자가 될 가능성이 높지만, 부유층 또한 어려움을 피해 갈 수는 없다. 아니 머지않아 큰 어려움에 직면할 것이다. 매년 다보스에서 모이는 핵심 권력층도 대중운동과 정치적 혼란, 지정학적 갈등의 영향에서 벗어나지는 못할 것이다. 세계의 중앙은행들은 에너지 기업들의 자산가치가 갑자기 평가절하되는 상황에 대응하면서 세계 금융위기의 발생 가능성에 우려를 표한다. 또한 부유층과 중산층의 일상생활은 에너지와 물과 음식을 집까지 전해주는 중앙 집중식 기반시설에 전적으로 의존하고 있다. 이런 체계가 무너진다면, 그들은 속수무책일 수밖에 없다. 부유할수록 그들이 가진 특권의 일부를 포기해야 할 때 다른 계층보다 스트레스를 더 많이 받는다는 것은 근거 있는 사실이다.

변화는 상당한 심리적 대가를 요구할 것이다.

이런 상황에서 파리에 모인 각국의 지도자들은 공통의 위협에 맞설 공동의 해결책에 합의하고자 노력했다. 물론 일부 국가들과 특별한 도의적 권리가 있는 군소 도서국가들은 훨씬 광범위한 의무사항을 주장한 반면, 다른 국가들은 공개적으로는 호기 있게 발언하면서 사적인 자리에서는 의사 방해를 시도하기도 했다. 그러나 결국 거의 모든 국가의 정상들이 지구온난화라는 공통의 위협에서 자국을 보호하고 공동의 이행사항을 각각의 국가에 공정하게 할당하는 합의를 도출하는 데 동의했다. 불가능해 보이는 과업을 이루기 위한 의지를 다지며 서로 협력하려는 목표 아래 모인 것이었다. 외교역사상 문제 해결을 위해 195개의 국가가 이런 식으로 다 함께 모였던 적은 없었다. 각각의 나라는 참석 국가들이 지켜보는 가운데 에너지 경제구조를 변화시킬 10년 혹은 20년, 30년에 이르는 국가 계획을 발표했다. 그러한 계획을 하나로 모아도 공동의 목표를 이루기에는 여전히 부족한 것이 엄연한 현실이다. 그러나 전 세계 국가가 해답을 찾기 위해 노력했던 질문은 명확하다. 어떻게 하면 이 지구에서 우리 모두 다 함께 살아갈 수 있을까? 18세기 말, 임마누엘 칸트는 자유롭고 이성적인 국민들 사이에서 세계주의가 증대되는 역사적 과정을 예견했지만, 정작 전 세계 사람들이 세계시민으로서 함께 협력하도록 이끄는 동력은 세계시민의식이라기보다는 자연의 힘이다.

다양성과 다원성을 찬미하는 포스트모던 시대에 인류세에 더해 또 다른 힘이 나타나 새로운 서사에 적합한 방식으로 인류를 결속시켰다. 전 세계가 세계화로 알려진 머리가 많은 괴물의 주술에 걸렸다. 세계화의 주요 목적은 금융자본, 조세채무, 교역, 지적재산권, 점차 늘어나고 있는 숙련노동에 대한 경제적 경계를 허무는 것이다. 이러한 물질적 통합을 넘어 시장을 통한 문화의 전파는 완벽에 가깝게 이루어지고 있다. 대중문화 분야에서 디즈니, 페이스북, 스페인의 의류 브랜드 자라, 맥도널드, 애플, 스위스의 시계 브랜드 론진, 제임스 본드, 미스터 빈, 영국의 오디션 프로그램 〈엑스 팩터〉(The X Factor)를 떠올려 보면 고개가 끄덕여질 것이다. 이런 대중문화는 교외 지역은 물론 빈민 지역, 작은 촌락, 도시의 판자촌까지 스며들어 사람들의 욕구와 의식을 형성한다. 소비문화의 놀라운 힘은 전통적인 관습과 가치, 열망을 압도해 돈과 물질주의, 브랜드를 통한 정체성에 매달리게 만들었다는 것이다. 전통은 잔해 정도로 남아 있을 뿐이다. 서구세계 파괴에 열을 올리는 이슬람 성전주의자인 지하디스트들조차 그들의 브랜드를 구축하기 위해 소셜미디어를 활용한다. 연륜 있는 소설가와 예술가, 문화비평가들의 한탄에도 불구하고 대중문화의 영향력은 막을 수가 없다. 오늘날 특히 젊은 세대의 경우에는 대중문화가 일상생활에 워낙 깊숙이 스며들어 알아차리지 못할 정도다.

　모두가 생산, 소비, 문화로 구성된 전 지구적 시스템에 끌린다고 해서 사람들이 세계의 시민, 즉 실러(Friedrich von Schiller)의 시 "환희의 송가"(Ode an die Freude)에서 표현한 "가혹한 현실이 갈라놓았던 자들을 결합시키는 힘"인 사해동포가 되어가고 있다고 말하는 것이 지당할 것 같지는 않다. 우리가 자기중심적 글로벌 소비자가 될수록 세계시민의식을 지향하는 정도는 낮아지는 것이 거의 틀림없기 때문이다.

헤겔은 자유의 발전 과정에서 세계 역사는 동양에서 서양으로 흐른다고 말했다. 그에 따르면, "아시아가 세계 역사의 시작이라면 유럽은 역사의 분명한 종착지"다.[2] 오늘날 세계 역사는 서구의 이념을 가득 실은 채, 그 중에서도 가장 비중을 많이 차지하는, 내가 '성장 숭배'라고 이름 붙인 이념을 싣고 귀환했다.[3] 식민지 시대는 끝났을지 모르나 그 시대의 유산은 쇼핑몰로 상징되는 소비자본주의, 그리고 트로이의 목마에 비견되는 소프트 파워를 전파하려는 끝없는 욕구로 남아 있다. 포스트모던 좌파가 대담하게 문화적·사회적 차이를 옹호하며 보편화되는 서사들을 비판하는 방식으로 이런 차이를 살리려고 노력하고 있지만, 서양의 가치와 열망들이 태연하게 동양 혹은 오늘날 선호하는 표현인 남반구의 개도국으로 줄줄이 흘러들어가고 있다. 물론 여전히 차이는 중요하게 여겨지지만, 확산되고 있는 세계화의 패권 아래 간신히 명맥을 유지할 뿐이다.

힘의 중심도 서양에서 동양으로 다시 되돌아오고 있다. 1990년대와 2000년대 동안 8-10퍼센트 정도였던 중국의 지속적인 성장률(그리고 교역과 대출에 있어서 서구세계의 중국에 대한 의존율)을 기반으로 세계의 운명이 중국 정부의 집권층 손으로 넘어가고 있다. 수십 년 후에는 인도 또한 중국과 함께 세계의 운명을 좌지우지하는 힘을 갖게 될지 모른다. 무자비하게 자연을 착취하고 온갖 희생을 다 치르며 지난 두 세기 동안 경제 성장을 추구한 끝에 이제 서구세계는 동양이 경제 성장과 환경 파괴를 '탈동조화'(decouple)할 수 있기를 간절히 바라는 실정이다.

물론 세계화와 인류세라는 거대한 통합적인 두 힘이 서로 연관이 없는 것은 아니다. 제2차 세계대전 말에 거대한 가속도의 시대가 시작되며 두 현상이 일어났다. 가속화된 경제 성장과 소비의 활성화, 무자비한 자원 사용과 탕진으로 인해 인간은 지구 시스템을 불안정하게 만들었다. 동시에 너 나 할 것 없이 아메리칸 드림을 추구하면서 인류세라는 악몽이 현실로 다가왔다.

보편적 인류에 대한 미래상이 19세기 유럽의 착각이었다면 이제는 더 이상 그것이 환상이라고 믿을 이유가 없다. 자유주의적 세계주의의 계몽주의적 상상의 산물, 그리고 개인의 권리와 보편적 진실에 대한 원칙이 제국주의와 절대주의로 인해 비난받았다고 해서,[4] 지구 시스템 과학이 판단한 미래상을 비난할 수는 없다. 게다가 과거 세계화 프로젝트가 제국주의와 절대주의로 인해 커다란 죄의식을 갖게 된 반면, 한때 제국주의의 지배 아래 살며 그 체제에 몸을 담았던 '희생자'들의 세계화에 대한 열망은 오히려 그 죄의식을 가볍게 해주었다.[5] 그리하여 우리는 세계화된 세계에서 점진적으로 차이가 사라지고 있는 미래를 마주하고 있다. 더 나아가 우리가 어디에 살고 있든, 앞으로 수십 년에 걸쳐 틀림없이 우리의 일상생활과 의식을 지배하며 세계의 서사, 어쩌면 세계 역사철학의 여지를 마련하게 될 인류세의 출현을 목도하고 있다. 모든 다양성을 뛰어넘는 하나의 세계 경제, 하나의 세계 문화, 하나의 전체적인 지구가 자리 잡게 되는 것이다.

인류세는 인간의 경험을 하나의 서사로 정리해 통합하는 거대서사로 다가온다. 모든 인류가 좋든 싫든 간에 다른 모든 것을 포괄하는 인류세의 서사 안에서 살 수밖에 없다. 이제 그 서사를 기준으로 판단하는 것이 보편적 진리가 될 것이다. 이런 진행 과정에 가속이 붙으면 지구 시스템의 압도적인 힘이 수많은 지역의 문화와 이야기를 뒤덮을 것이다. 인류세가 예상치도 못했고 달갑지도 않은 인류의 통합을 가져온다면 우리는 인류의 이야기, 즉 인류사의 진전을 전체로서 설명할 수 있는 서사를 만들어야 한다. 다음 장에서 이와 관련된 시도를 해보려고 한다.

인류세라는 새롭게 등장한 세계 서사에 대한 주장은 지난 50년간 사회과학과 인문학이 쌓아올린 요지와 극명한 대조를 보인다. 그렇다면 새로운 시대가 직면한 학문의 추세를 간단하게 살펴보도록 하겠다. 인류세 과학을 구성하는 기본 구조를 활용해 인류세의 본질적인 사실 중 하나를 떠올리는 것이 도움이 될 것이다. 인류세는 인간 힘의 증대와 지구 시스템의 잠자고 있던 힘들의 활성화를 모두 반영한다. 지구상에서 작용하는 힘은 제로섬 현상이 아니다. 인간과 자연의 힘은 모두 강해졌다. 이 책에서 제안한 신인간중심주의는 이렇게 두 배로 확장된 힘에 적응하려는 시도다. 인류세에 대한 다른 반응들을 살펴보면, 다음의 표에서 알 수 있듯 하나의 힘은 인정하면서 다른 힘은 인정하지 않는다.

		지구	
		변하지 않는 힘	강해진 힘
인간	변하지 않거나 약해진 힘	부인	포스트휴머니즘 존재론적 다원주의
	강해진 힘	에코모더니즘 체제	신인간중심주의

　　표의 오른쪽 열을 살펴보면 내가 제안한 새로운 혹은 다른 것과 맞물린 인간중심주의, 그리고 환경과 관련한 사유를 지배하고 있는 포스트휴머니즘과 존재론적 다원주의를 대조해 볼 수 있다. 후자의 경우에는 인간이 지배할 수 있는 수동적 자연이라는 모더니즘의 개념을 해체하는 데 큰 가치를 둔다. 또한 포스트휴머니즘적인 방식은 중요한 질문을 제기한다. 근대성 이

후의 인간에 대해 어떻게 재성찰할 것인가? [브뤼노 라투르(Bruno Latour)는 이러한 인간을 "지상에 묶여 있는 자들"(earth-bound)이라고 명명한다.] 그러나 지구상에 더 강해진 힘, 혹은 자연에 더 많은 행위성을 부여함으로써 포스트휴머니스트는 인간의 힘을 배제하는 오류를 범했다. 인류세의 도래로 인간에 대한 개념과 우리가 자연에 행사하는 놀라운 힘이 근본적으로 변화되고 있다는 사실을 그들에게 납득시키고 싶다.

표의 아랫줄은 신인간중심주의와 에코모더니즘(그리고 이 이론이 대변하는 시장자본주의)의 근본적인 차이를 잘 보여준다. 에코모더니즘이 스스로 붙인 이름은 참으로 적절하다. 지구가 평화롭게 잠을 자고 있던 홀로세에서 깨어나 이제는 격렬하고 통제 불가능한 경로로 움직일 준비에 들어가고 있다는 사실을 인식하지 못함으로써 에코모더니즘은 기술을 활용해 자연을 인간의 의지에 따라 휘두르려는 모더니즘의 꿈을 계승하고 있기 때문이다. 에코모더니즘과 신인간중심주의 모두 인간을 지구상에서 반론의 여지가 없는 힘을 가진 특별한 존재로 생각한다. 하지만 신인간중심주의는 이 특별한 존재가 자신의 운명을 결정할 수 있다는 에코모더니즘의 휴머니즘적 믿음과는 궤를 달리한다. 에코모더니스트들은 《걸리버 여행기》에 나오는 소인국 사람들을 연상시킨다. 걸리버가 몸을 움직여 그를 묶어놓은 연약한 밧줄과 말뚝을 모두 부서뜨리고 [스위프트(Jonathan Swift)의 이야기와는 다르게] 대단히 분개할 수 있다는 사실에 무심하다. 마치 거인을 묶어놓았다는 사실에 만족한 채 마을로 돌아간 소인국 사람들 같다.

포 스 트 휴 머 니 즘   이 후

지난 반세기 동안 사회과학과 인문학의 흐름은 권력과 통제를 둘러싼 모든 사회적 계급을 해체하는 것이었다. 페미니즘은 과대평가된 남성의 위상을 낮추는 작업에 나섰고, 퀴어 이론은 이성애규범성의 근간을 흔들었다. 또한 포스트식민주의 이론과 종속집단연구는 위에서부터의 역사에서 탈피해 '아래서부터의 역사'를 서술했다. 이런 이론들이 작동하는 방식은 휴머니즘을 비판하고, 평등·인간존엄성·정의의 원칙들이 이런 원칙을 선언한 사회와 등지도록 하는 것이었다. 하지만 1990년대 초부터 갖은 차별과 압제를 겪어온 오랜 대장정의 종착점에 도달이라도 한 듯, 일부 비판적 사회과학자들은 새로운 대상, 즉 자연에 대한 인간의 지배에 관심을 돌렸다. 그 이전만 해도 이와 관련된 비판은 (학계 밖의 광범위한 영향력에도 불구하고) 소수의 생태학자와 생태철학자들을 통해서만 이루어졌었다. 비판의 초점은 유럽중심주의, 남성중심주의, 이성애규범성을 넘어 인간중심주의에 새롭게 맞춰졌다. 이것은 급진적인 사회 비평을 계승한 것처럼 보이지만, 사실 인간세계 내부의 비평에서 인간세계와 자연의 관계를 비평하는 쪽으로 전환한 것이었다. 이는 타당한 접근 방식을 저버리는 부적절한 인식론적 도약이었다.

이러한 '포스트휴머니즘'이 사회과학 분야를 휩쓸면서 포스트식민주의 연구, 포스트자연주의적 인류학, 페미니즘 이론, 생태철학, 과학과 기술 연구를 동원해 인간이 지구를 지배한다는 근대적 성격의 서사를 해체했다. 포스트휴머니즘은 주체와 객체를 구분하는 '데카르트적' 이원론에 따라 인간을 자연과 근본적으로 분리한 것이 근대성의 원죄라는 의견에서 시작한다. 제이슨 무어는 이를 명료하게 표현했다. "지난 40년에 걸쳐 인종, 성별, 성적 취향, 유럽중심주의라는 이원론을 넘어서는 법을 배워왔던 것처럼 이제는 이런 모든 것들의 근원, 즉 자연과 사회의 이분법을 다뤄야 할 때다."[6] 인과관계는 희미하게나마 남아 있지만 서구세계의 모든 병폐와 범죄, 특히 자연의 무자비한 파괴의 원인은 모두 이런 구분에서 비롯되었다. 이원론적인 유럽의 존재론은 인간중심주의의 철학적 근간일 뿐 아니라 과학과 이성을 통해, 즉 자연세계에 대한 신비를 깨뜨림으로써 '계몽하게 된' 사회의 우월성을 주장하는 근거를 형성한다. 포스트휴머니스트 학자들은 알프 호른보그가 말하는 "자연에 대한 계몽주의적 견해는 전 세계를 지배하려는 식민지 시대의 유럽의 야망과 불가분하게 연결되어 있다는 신념"을 공유하고 있다.[7] 식민지 정복 같은 잔혹한 행위는 자연에 대한 새로운 관점에 의해 암암리에 정당화된 것이었다.

　포스트휴머니즘적인 이해는 오늘날 지배질서, 즉 생태계 위기를 초래한 기술 산업주의와 이윤추구 소비지상주의 체제를 비판하는 가장 영향력 있는 이론이다. 인간과 자연의 관계에 주의를 돌림으로써 포스트휴머니즘은 자연세계에 대한 우리의 이해에 깊이를 더했다. 또한 과학혁명과 산업주의, 그리고 그것으로부터 생겨난 철학에 의해 자연이 완전히 객관화되던 상태에서 벗어나게 되었다. 그렇게 함으로써 포스트휴머니즘은 근대인들의 인간에 대한 생각을 뒤흔들었다. 하지만 인류세라는 균열이 포스트휴머니즘적인 이해의 약점을 드러내는 새로운 체제를 가져오면서 포스트휴머니즘은 새로운 상황을 파악하는 데 걸림돌이 되었다. 따라서 포스트휴머니즘을 활용하면서도 뛰어넘는 것은 매우 중요하다. 포스트휴머니즘은 피할 수 없는 사실, 즉 주체와 객체를 나누는 견고한 데카르트적 구분, 그리고 인간과 자연의 분리에 대한 비판 위에서 정립된 이론이기는 하지만, 인류세 도래 이후에도 이러한 비판이 유효하게 적용될 수는 없다.

　생태과학에 영향을 받은 포스트휴머니즘은 모더니즘의 주체에 관한 정교한 이론과 자연을 지배하려는 야망에도 불구하고 인간은 여전히 자연세계에 맞물려 있고 얽혀 있으며 서로 연계 되어 있다고 주장한다. 인간이 자연의 힘, 즉 지구 시스템 기능 을 교란하는 힘으로 거듭난 것은 지구에서 살아가는 생명체의 특징을 상상할 수 있는 정도 내에서 가장 뚜렷하게 보여주는 증 거라는 것이다. 인류세는 우리가 자연의 과정들과 깊게 연계되 어 있다는 사실과 맞닥뜨리게 한다. 하지만 다른 한편으로는 인 간이 자연과는 분리된 위치에 있고 자연과 맞서고 있음을 보여 주는 뚜렷한 증거이기도 하다. 인류세의 과학을 받아들인다는 것은 인간의 고유하고 특별한 힘이 의식적 결정이든 아니든 간 에 지구의 과정에 영향을 미친다는 사실을 받아들인다는 점에 서 포스트휴머니즘의 관점과는 대조적이다. 향후 지구의 경로 가 반드시 의도된 방향으로 흐르지 않는다고 해도 말이다.

이런 명백한 사실에도 불구하고 수많은 포스트휴머니스트 들은 인류세라는 개념을 인간의 중요성과 힘이 지구상에서 **축소**되고 있는 방향으로 받아들였다. 그들이 인류세 개념에 큰 관 심을 갖게 된 것은 인류세의 도래가 자연에 대한 지배를 강조한 근대주의의 완전한 실패를 가리키기 때문이다. 또한 인간과 자 연이 분리되어 있다는 주장이 언제까지나 착각이었음을 드러내 기 때문이다. 하지만 이제 인간의 힘이 자연의 위대한 힘과 겨룰 정도로 지구 시스템 기능에 영향을 미치고 있다면, 이는 인간의 힘이 상상하지도 못했던 수준으로 **증대**되었음을 뜻한다. 또한 이러한 힘의 행사 여부를 선택하는 인간의 능력이야말로 우리 인간을 고유한 생명체로서 우뚝 서게 한다.

포스트휴머니즘은 '비인간중심주의적 인문학'을 통해 모든 휴머니즘 사상을 뛰어넘으려는 듯 신속하게 정착했지만, 그럼에도 불구하고 휴머니즘의 가치, 가령 차이에 대한 관용, 인간의 존엄성, 모두를 위한 정의를 포괄한다.[8] 실제로 포스트휴머니스트들은 오늘날 휴머니즘적 가치를 가장 강력하게 옹호한다. 처음에는 전통적으로 남자, 백인, 이성애자의 편협한 우월주의에 분노를 표시하다가 나중에는 자연을 제외한 모든 인간의 배타주의를 비판했다. 이러한 휴머니즘적 가치를 다른 종들은 물론 인간이 아닌 자연에게까지 적용해 그 외연을 넓힘으로써 포스트휴머니스트는 인간의 위치를 적절하게 찾아가고자 한다.

이 지점에서 앞 장에서 구분한 두 가지 측면의 인간중심주의를 다시 상기해 보자. 인간중심주의는 지구상에서 살아가는 하나의 종이자 실제적인 힘으로서 인간의 고유성을 표현하는 것이다. 그러나 다른 한편으로는 반드시 그럴 필요가 없는데도 자연에 대한 지배적이고 오만한 태도도 보여준다. 자연에 대한 인간의 실제적인 지배 상황을 회피하기 위해 포스트휴머니스트는 인간중심주의를 인간 정신의 현상, 즉 "세계의 중심으로서 다른 존재에 대한 패권을 누리고 인간의 욕구를 충족시키기 위해 존재하는 자연의 지배자로서 기능하는 인간 종을 보여주는 **태도**"로 정의 내린다.[9] 이들의 전략은 인간의 고유성을 비롯해 자연

147

에 미치는 실제적인 힘과 관련된 모든 주장이 무의미하다고 증명해 인간 우월주의에 맞서는 것이다.

인간이 가진 힘에 대한 부정은 대략 넓은 의미에서 보면, **인간에게서 행위성을 박탈해** 자연계 전체에 부여하는 존재론적 방식으로 이루어진다. 인간의 행위성이 지금보다 더 분명하고 뚜렷하게 드러난 적이 없었던 역사적인 시점에서 포스트휴머니스트는 이렇게 주장한다. "인간의 본성은 자연 전체와 결코 분리되어 있지 않으며 인간과 동물 사이에 고정되고 불가피한 경계는 없다."[10] 제인 베넷(Jane Bennett)의 책 《활기찬 물질》(*Vibrant Matter*)은 이러한 '신유물론' 경향의 주목할 만한 사례로서, 라투르의 행위자 개념, 즉 인간이거나 비인간, 생명이 있거나 없을 수도 있는 행위자 개념에 기초하고 있다. 제인 베넷은 인간의 행위성을 자연 전반에 부여해 자연의 힘과 자연물들로 이루어진 혼합물에 인간의 의도성을 녹여버린다. 따라서 "행위자는 사실상 결코 혼자 행동하는 법이 없다. 행위의 유효성이나 행위성은 항상 협력, 협동, 혹은 수많은 신체와 힘들의 상호 개입에 의존한다."[11] 즉 인간의 고유성은 사라진 것이다.

인간과 비인간의 경계를 없애려는 초기 시도들 가운데, 포스트휴머니스트이자 페미니스트인 도나 해러웨이(Donna Haraway)의 연구가 있다. 그녀는 영장류동물학에 눈을 돌렸다. 해러웨이에게 '인간'과 '자연'은 문화적 범주이며 하나로 수렴된다. 또한 영장류 연구가 인간을 어떤 식으로 동물의 세계에 편입

시킬 수 있는지 보여준다.[12] (정작 영장류동물학자는 이런 주장을 하지 않는다.) '이분법적 이원론의 거부' '행위자들의 우화' 그리고 자연과 문화 대신 '자연문화'(natureculture) 같은 표현을 사용함으로써 해러웨이는 "인간이 지금까지 전해져 온 가장 위대한 이야기가 되는 것을 막고자" 한다.[13]

그러나 인류세가 밝힌 적나라한 사실은, 생명에 관한 책에서 인간이야말로 지금까지 전해온 가장 위대한 이야기라는 것이다. 모호하지 않게 다시 한 번 분명히 말하자면, 인류는 지금까지 전해온 이야기 중 가장 위대한 이야기다. 여기서 "가장 위대"하다고 말하는 것은 가장 주목할 만하다는 뜻이다. 그렇지 않다고 믿으려면 인간중심주의가 사실은 남성중심주의, 식민주의, 탐욕스러운 자본주의, 자연을 파괴하는 괴물에 지나지 않는다고 믿는 수밖에 없다. 하지만 이런 추정은 착각에 불과하다. 특히 역사상 포스트휴머니즘을 포함한 대항하는 힘들이 존재하는 때에는 더욱 그렇다. 해러웨이는 스스로 진화론자라고 밝히고 있지만, 호모 사피엔스가 앉아 있는 진화계통수의 가장 긴 가지의 끝부분, 즉 우리와 가장 가까운 진화론적 친척으로부터 분리되어 대약진을 상징하는 가지를 툭 잘라내자고 주장한다. 사실 인간의 진화론적인 도약을 재확인하고 싶다면, 그저 컴퓨터를 켜고 와이파이에 연결해 유튜브를 열어 발렌티나 리시차(valentina Lisitsa)가 헝가리안 랩소디 2번을 연주하는 영상을 보면 그만이다.

해러웨이가 장광설에 가까운 용어를 사용한 목적은 맥락화와 상대화를 통해 궁극적으로 과학자들이 내린 결론을 무력화하려는 것이다[그녀는 인류세보다 '자본세', '플랜테이션세'(Plantationocene), '크툴루세'(Chthulucence)[*sic.*]를 더 선호하는 듯하다].[14] 그럼에도 해러웨이는 여전히 자신의 주장을 옹호하고 영감을 얻기 위해 과학자들의 연구에 의존한다. 지구 시스템 과학에 대한 이런 부주의한(누군가는 오만하다고도 말할 것이다!) 접근방식은 1960년대와 1970년대의 거대과학에 대한 사회구성주의적 비판과 (기후과학을 부인하는 목소리에서 가장 영향력 있게 존속하고 있는) 1980년대 포스트모던 '비평'의 해로운 유물이다.[15]

체계도 없이 인류세를 대체하는 용어를 남발하는 것은 그 자체로 인식론적 오산이다. 과학 분석을 마치 사회 분석과 동일한 것처럼 다루고 있기 때문이다. 영국 레스터 대학 교수 얀 잘라시에비치(Jan Zalasiewicz)가 시의적절한 때에 파울 크뤼천이 '인류세'라는 용어를 제안했다고 발언하자, 생물다양성센터(the Center for Biological Diversity)의 키에란 서클링(Kieran Suckling)은 이렇게 물었다. "어째서 시의적절하다는 것인가? 이 시점이 적당하다고 할 만한 서구의 심리학적·역사적 이유가 있는가?"[16] 마치 새롭게 진전된 일련의 과학적 증거가 사회적·심리적 조건의 소산에 불과하다는 듯 묻고 있는 것이다. 인류세가 서구의 언어제국주의의 또 다른 사례에 해당한다면, 이름을 바꾼다고 해서 개도국의 빈민층과 취약계층이 인류세의 파괴적인 영향을 피하지는 못할 것이다.

해러웨이의 제자인 애너 칭(Anna Tsing) 또한 인간의 위상을 격하시키려고 시도했다. 그는 인간예외주의에 대한 맹목적 신념이 우리 인간과 다른 종들과의 상호의존을 "보이지 않게 한다"고 주장한다. 칭은 사회적 보수주의자와 사회생물학자들이 인간 본성의 개념을 오용한다고 우려한다. 또한 인간 내에서의 사회적 변화보다는 다른 종과의 관계에 따라 달라지는 지속적인 역사적 흐름 안에서의 '인간 본성'을 제안하고, 급기야는 인간 본성이 "종간 관계"(interspecies relationship)라고 말한다.[17] 우리는 단순히 다른 생물과의 관계에서 영향을 받는 것만이 아니라 다른 생물에 의해 **정의**된다는 것이다. 따라서 우리가 뛰어넘을 수 없는 생물의 세계에 맞물려 있는 것이다. 그것은 '예외'가 전혀 존재할 수 없는 세계다. 또한 우리 인간을 규명하는 다수의 다른 종들에게도 인류사에서 변화를 일으키는 행위성이 두루 내재되어 있기 때문에 지배관계는 존재하지 않는다. 가령 인간은 곡류를 경작한 게 아니었다. "곡류가 인간을 길들인 것이다." 칭은 역사를 인간 내에서의 사건으로 보는 편협한 이해방식에 맞서고자 한다. 그는 사회계급, 국가, 식민주의, 가부장제, 가족구조, 인종주의를 망라하는 인간의 사회구조에 대해 식물과 동물의 결정성 이론을 전개한다. 그리고 우리가 모든 것에 숨겨진 의미를 밝혀내고 싶다면, 그의 저서 《세상 끝의 버섯》(*The Mushroom at the End of the World*)에서 그랬던 것처럼 송이버

섯의 생태를 연구하는 것보다 더 좋은 방법은 없을지도 모른다. 포스트휴머니즘의 지지자인 팀 모튼(Tim Morton)은 칭의 절대주의보다는 누그러진 어조로 이렇게 설명한다.

> 비인간의 주창자로서 우리가 인간 전체를 소멸시키려고 하거나 인간을 내몰려고 시도한다는 것은 사실이 아니다. 우리는 단지 비인간 행위자들이 있는 그대로 존재하도록 하는 것, 즉 온갖 생경한 방식들로 우리와 얽히도록 하는 것이다. 비인간 행위자가 인간에게 가까워지도록 전적으로 환원시킬 수도 없고, 그렇다고 완전히 분리할 수도 없다. 비인간 행위자는 우리에게 접근하며 서로 연결된다.[18]

그러나 포스트휴머니스트 혹은 신유물론자에게 있어 행위성의 재분배는 우리를 물질적 관계망 속에 맞물리게 함으로써 인간의 힘과 지배력을 **축소**시킨다. 그리고 동일한 맞물림을 통해 인간을 통제하는 능력을 비인간에게 부여해 비인간 물질(생명이 있는 것과 없는 것)의 행위성은 **증대된다**. 신유물론자는 문자 그대로 적용이 되기라도 하는 듯 교묘한 말재간과 은유를 활용해 인간을 넘어 모든 존재에 행위성의 특징들이 귀속된다고 생각한다. 그러다 보니 신유물론에 대해 더 체계적인 해설을 쓴 티모시 제임스 레케인(Timothy James LeCain)은 비인간 물질세계에 대해 인간을 "창조하고""구성하고""형성하고""만들고""생산하고" "노예화한다"고 표현한다. 요컨대 "물질적 존재가 우리를 지배하고 있으며" 따라서 우리는 "지구의 손아귀에 있다." 석탄과 석유는 "인간이 그들의 물질적 욕구에 따르기를 요구한다." 석탄은 "근대 민주주의 탄생에 일조"했으며 "일부 매우 영향력 있는 물질적 존재들이⋯점차 인간의 공동 운명을 좌우하게 되었다."[19]

생산하고 요구하고 노예화하고 운명을 좌우하는 물질적 대상은 의도에 기인해 작용하는 것이며, 실제로 영향력을 가질 수밖에 없다. 신유물론자는 물리적이든 지적이든 간에 능력이 없는 비인간 동물이나 생명이 없는 대상에게도 의도가 있다고 보고, 따라서 인간을 변화시키는 계획을 세우고 행사하는 선택권을 가지고 있다고 생각한다. 이는 실제로 **의인화**에 기반하고 있으며, 그 이면에는 인간중심주의가 깃들어 있다. 포스트휴머니즘의 의인화하는 습성은 독자들이 은유로 받아들일 것임을 알면서 인류세의 지구를 "분개한 야수"라고 묘사하는 지구 시스템 과학자들의 표현과는 사뭇 다르다.

세계와 맞물린 인간이 실제로 서로 영향을 주고받으며 물질세계와 공진화하고 있다면, 이는 결국 인간이 물질적 연결망 내부에서 거대한 힘을 행사하도록 강요받고 있으며 그러한 능력을 부여받고 있다는 뜻이 된다. 여기서 연결망은 인류를 중심으로 형성되어 있으므로 새로운 시대를 인류세로 명명하는 것은 당연지사라 하겠다. 게다가 인간과 물질세계가 공진화하고 있

153

다면, 이런 조화 속에서 공진화하는 인간과 물질세계는 인류세를 맞이해 도전에 직면할 수밖에 없다. 인류세의 도래로 인간과 지구 사이에 일어난 균열이 모든 조화를 깨뜨리기 때문이다.

신유물론에서 인간의 행위성을 축소하려는 흐름 이면에는 상황을 변화시키지 않고 수용하고자 하는 정적주의 정치철학이 숨겨져 있다. "일부 매우 영향력 있는 물질적 존재들이…점차 인간의 공동 운명을 좌우하게 되었다"고 한다면, 우리는 선택의 여지없이 물질적 존재의 독재를 받아들여야 한다. 레케인 스스로도 니체의 인간 혐오적 입장을 취하면서 현재로서는 지구가 "지적인 인류의 생명체에게 대단히 비호의적"이라는 사실을 깨닫게 될 수 있다고 제시한다. 유일한 해결책은 우리가 "물리적 환경에 대해 훨씬 오래된 고대의 이해"로 돌아가는 것일지도 모른다. 그러나 역사의 시계를 거꾸로 돌리는 것이 인류세는 차치하고 홀로세의 후기 계몽주의 시대에도 과연 효과가 있을까.

인류세에서 인간을 그저 또 다른 생물종으로 바라보는 서사는 유지될 수 없다. 새로운 지질시대는 (포스트휴머니즘 담론에서 볼 수 있듯이) 우리가 자연세계와 아무리 깊게 연관되어 있다고 해도 궁극적으로는 인간이 매우 두드러진 존재임을 입증한다.

제이슨 무어는 근본적으로 휴머니즘에 뿌리를 둔 마르크스주의에 해러웨이와 칭의 페미니스트 포스트휴머니즘을 섞으려고 시도한다.[20] 과학적 사실과 사회적 사실의 구별을 어렵게 하는 인식론적 입장에 기초한 그는 인류세가 세계의 실제 물리적 영향에 의해 정의될 게 아니라 그러한 영향의 더 깊은 역사적 원인, 즉 "자본과 권력의 관계"에 의해 정의되어야 한다고 주장한다. 그는 "논쟁에서 언급한 사실들이 거의 정확할 것"이라고 한 발 물러선 태도를 보이면서도, 이 주제를 가장 잘 꿰뚫고 있는 인류세워킹그룹(Anthropocene Working Group)의 전문가들이 펼치는 주장은 '약하다'고 일축한다. 제이슨 무어에 따르면, 과학자들의 문제는 새로운 지질시대를 "경험에 기인해" 정의내리고 싶어 한다는 것이다. 즉 "인류세와 관련된 과학적 주장은 생물지질학적 의문과 사실들—다양한 의미를 갖는 층서학적 신호의 존재 여부에 따라—을 역사적 시대 구분의 적절한 근거로 간주한다."[21]

지질학적 역사와 인간의 역사를 구분하지 않는 무어의 입장은 주요 현대 사회과학의 징후를 드러낸다. 그는 우리가 모든 데카르트적 이원론, 즉 자연과 문화의 구분을 모두 없애고 자연과 문화가 얽혀 있는 존재론적인 평평한 공간을 추구해야 한다는 주장을 극단까지 끌고 간다. 그에 따르면, "인간의 활동이 생물권의 변화를 가져오나 인간들 간의 관계는 자연에 의해 형성된다." 따라서 인류세에 대한 제대로 된 분석은 사실상 기존의 인간관계에서 시작해 "지질학적·생물물리학적 변화로 나아가는 것이다." 무어는 결국 과학을 완전히 뛰어넘어 우리가 인류세에 살고 있다는 주장을 거부하기에 이른다. 인류세가 "기이하게도 인류에 대한 유럽중심적인 전망"이라는 이유에서였다.[22] 또한 모든 이원론을 거부하는 단호한 태도로 인해 그는 "인간이 자연의 위대한 힘들을 압도하고 있다"는 근본적인 과학적 주장과도 맞서게 된다. 우리가 자연과 구분이 되지 않는 상황에서 자연을 압도할 수는 없는 것이다.

사회과학은 어쩌다 이런 결론에 이르게 된 것일까? 무어의 관점에서 양립할 수 없는 모순은 이제 명백하게 드러난다. 한편으로는 인간이 자연과 맞물려 있다는 '포스트휴머니즘적' 관점을 유지하며 인간의 힘과 특별한 위치를 부인하고자 한다. 다른 한편으로는 인간의 힘과 자연에 대한 착취라는 역사적 관계의 측면에서 인류세를 정의하고자 한다.

도나 해러웨이는 "20세기 중반 '신(新)진화론적 종합 이론' 과학이 인간으로 인한 대멸종과 훗날 인류세라고 명명된 재세계화에 대한 접근법들을 형성했다"고 서술했다. 그는 "우리 인간 종의 존재를 확인할 수 있는 오래전부터" 계속해서 인류세였다고 선언하면서, 또 다시 인류세에 대한 오해를 되풀이하고 있다. 해러웨이는 단호하게 인간을 '행성 개조자'인 박테리아보다 낮은 위치에 놓는다.

지구 시스템 과학에 대한 이런 무신경한 태도는 일부 에코페미니즘의 과학 비평과 비슷한 연장선상에 있다. 애너 칭의 경우, 비판에 대한 충동은 사실문제에 현실을 가미하는 것을 목표로 한다는 라투르의 권고를 받아들이기보다[23] 오히려 현실에서 사실문제를 없애고자 한다. 그녀는 단도직입적으로 이렇게 말한다. "그것은 과학이다. 우리는 과학을 믿지 않는다. 좋아하지도 않고, 합류하고 싶지도 않다.…과학은 우리가 생각하기에 남자의 형상을 하고 있다."[24] 오늘날 과학에 대한 이러한 공격은 모든 남자들 가운데 가장 남성중심주의에 물든 자들, 바로 기후과학을 부정하는 이들이 유리하게 이용한다. 게다가 인간이 자연에 의존하고 있다는 주장과 인간의 지배에 대한 당대의 비판은 주로 **과학 그 자체**, 특히 생태과학에서 비롯되었다. 포스트휴머니즘은 이러한 과학 분야 위에서 정립되었다. 자연을 정복하기 위해 과학을 활용하는 남성 권위자의 전형적인 이미지는 실제 과학자들의 세계와는 거의 닮지 않은 구시대의 모습이다. 일부 미국 대학의 인문학부야말로 C. P. 스노우(Snow)가 지적했던 인문학과 과학이라는 두 세계의 단절을 단적으로 보여준다.

포스트휴머니스트들은 인류세에 대해 언급할 때마다 항상 인간을 특별한 위치에서 몰아내고 인간의 고유성을 부인하는 것을 목표로 삼는다. 그러면서 우리는 특별한 존재가 아니지만 다른 모든 것과 마찬가지로 생명이 있든 없든 물질을 통해 확산된다고 주장한다.

어떠한 종도, 이른바 근대의 서구적 서사에서 선량한 개인인 척하는 오만한 우리 인간 종조차도 단독으로 활동하지 못한다. 유기체 종과 생물이 아닌 행위자들의 집합이 역사를, 즉 진화하는 역사와 다른 종류의 역사들을 만들어나간다.[25]

인간의 오만과 인간의 능력을 오용하는 것에 반대하는 움직임이 필요하기는 하다. 그러나 이런 종류의 환원주의는 실제로 인간의 힘이 그 어느 때보다 집중된 시대에 인과관계를 분산시키는 효과가 있다. 반인간중심주의는 이런 방식을 통해 인간이 초래한 피해에 대한 책임을 **부정**하는 비뚤어진 결과를 낳고 있다.

자 연 의   이 상 현 상

인류세의 도래로 인간과 자연의 구분을 없애는 모든 이론이 더 이상 유효하지 않을 것이다. 이런 이론들은 근대적 성격의 이원론을 폐기하고 인간 우월주의를 넘어서고자 한다. 자연과의 애니미즘적 혹은 토테미즘적 합일로 돌아가거나 택하게 함으로써 인간과 자연을 구별하지 않는다. 지구가 이제 인류세에 접어들었고, 우리는 우리가 만들어낸 분개한 야수를 다뤄야 할 의무가 있다. 그러므로 인간이 그저 또 다른 생물에 불과하다는 관점을 실제로 받아들이는 것은 프랑켄슈타인 박사처럼 우리가 만든 괴물로부터 도망가는 것을 의미한다. 아니, 엄밀히 말하자면 포스트휴머니스트들은 과대망상증에 걸린 프랑켄슈타인 박사 혼자 괴물을 감당하도록 결정적인 순간에 꽁무니를 뺀, 불안에 떠는 실험실의 조수들 같다.

인류세가 메시지를 보내고 있다면, 그것은 이제 인간이 자연 전체에서 두드러지는 존재라는 명백한 사실을 받아들일 때라는 것이다. 호모 사피엔스가 등장했을 때, 항상 자연에 의존하면서도 그 내부에는 발현되기만 하면 언제라도 인간으로 하여금 자연에서 분리되게끔 하는 잠재된 속성이 존재했다. 이러한 자연적-비자연적 존재, 필연의 영역과 자유의 영역을 아우르며 연결된 초행위자(super-agent)인 인간은 자연을 통제할 순 없을지언정 자연에 막대한 영향력을 행사할 수 있다.

인류세의 근본적인 가르침은 다음과 같다. 인간은 실제로 자연에, 그리고 최근 수십 년 동안은 지구 시스템에 맞물려 있지만 이러한 맞물림은 행위성과 주관성을 파괴하는 게 아니라 이를 제한하면서도 최대한 발현할 수 있게 한다. 따라서 인류세는 이원론을 약화시키는 **동시에** 재확인하기도 한다. 자연과 인간의 연결망들이 동일한 층위에 존재할 필요가 없음을 보여줌으로써 그렇게 한다. 우리는 인간에게서 인간의 고유한 행위성을 박탈한 존재론보다는 연결망 안에서 인간의 고유성에 기반을 둔 존재론을 필요로 한다. 이제 우리에게 남겨진 과제는 주체와 객체의 구분을 거부하는 게 아니다. 주관성이 취하는 특정한 형태와 그것이 무엇이 되어야 하는지 이해하는 것이다.

인간의 전유물로 여겨지던 행위성을 비인간과 생명이 없는 힘 혹은 개체에 부여하는 것은 '행위성'의 의미를 변화시킨다.

따라서 행위성은 (살아 있는 존재처럼) 더 이상 목적을 가지고 행동하는 것을 의미하지 않는다. 행위성은 항상 연결망 혹은 집합체 (주관성의 발휘를 제약하고 좌우하는 복잡한 관계) 속에서 발휘되지만, 의도성이 소멸해 영향력 측면에서 동일한 존재론적 층위의 세계에 묻히는 것은 권력과 정치를 이해하는 데 필요한 범주를 잃게 되는 것이다. 알프 호른보그는 **결과**를 가져오는 무생물, (지각과 소통을 통한) **목적**을 갖고 있는 인간이 아닌 생물체, (의도가 목적에 반영될 수 있으므로) **의도**를 갖고 있는 인간을 구분해 세밀하게 다른 점을 부각시킴으로써 인간의 행위성을 되찾았다. 행위성이 선택의 모든 요소에서 박탈되면 행위성은 단순히 영향력으로 남게 되어 선택의 여지가 없거나 선택하거나 사려 깊은 선택을 하는 능력으로 간단하게 구별할 수 있을지 모른다. 모든 개체에 행위성을 부여하는 생각과 대조적으로 물체는 "살아 있는 유기체의 행위성을 제한하고 촉발하며 조정한다. 하지만 어떤 경우에도 목적이 있는 행위성과 단순히 결과를 가져오는 행위성 사이의 중요한 차이를 없애는 것은 정당화될 수 없다." 무엇보다 의도성이 연결망이나 집합체 내부에서 사라지게 된 세상에서는 힘도, 자유도, 도덕성도 존재하지 않기 때문이다.[26]

　인간의 전유물이던 행위성을 자연 과정이나 경쟁 개체에 부여하는 포스트휴머니즘의 기조는 사실상 인간이 상당한 행위성을 축적하고 집중화해 이제는 자연의 위대한 힘들이 미치는 영향력과 겨루게 된 시점과 정확히 일치하는 시점에 발생했다. 인류세에서 인간과 비인간에 부여된 행위성의 차이가 더욱 부각되던 바로 그 때에 포스트휴머니스트들은 세계가 평평하다고 주장했던 것이다. 지난 20-30년 동안 비로소 인간의 행위성이 사실상 두각을 드러냈다. 생명이 있든 없든 인간의 행위성 외에 그 어떤 힘도 지구 시스템의 과정에 영향을 미칠 수 없으며 다른 방향으로 영향을 미칠 만한 역량도 가지고 있지 않다. 이제는 그것이 바로 행위성이다. 그것이 인간을 자연이 되게 하는 것이고 또한 인간을 자연의 이상현상으로 만드는 것이다. 인류세의 도래로 자주적 주체에 관한 근대인들의 믿음은 더 이상 유효하지 않을 것이다. 인간과 비인간 사이에 뚜렷한 차이가 없으며 "점진적인 연속성"[27]만 있다는 포스트휴머니스트들의 주장 또한 마찬가지다. 인류세는 인간이 근대인들의 상상을 훨씬 뛰어넘을 정도로 강력한 힘을 가진 **초행위자**임을 드러내고 있다. 이는 인간이 데카르트적 주관성의 경계를 벗어나 객체로 전락했다가 결코 압도할 수 없는 힘에 직면한 행위자로 간주되던 모더니즘에서는 상상할 수 없는 일인 것이다.

정화된 인간 행위자가 다른 영역으로 격상되는 위험에 맞서 브뤼노 라투르는 칸트철학의 주체와 마찬가지로 그들이 닿을 수 있는 실제 세상을 넘어서 명시적이든 암묵적이든 통제하는 힘을 허용하는 것에 맹비난을 가한다.[28] 그는 무의식적일 때가 많기는 하지만 생명·진화·자연·사회·시장·체제·전체를 비롯해 "1단계 위에 부유하는" 2단계를 차지하고 있는 신에 대한 다양한 대체물 같은, 현실에서 유리된 힘들과 관련해 2단계 견지의 보편적 활용에 대해 경고한다. 실제 세계를 구성하고 있는 1단계 견지를 고수해야 한다고 주장하는 것이다. 그는 바로 이 것이 러브록이 의도했던 바라고 말하며, 그런 이유에서 러브록의 가이아 이론을 강하게 옹호한다.

라투르의 전체 연구를 관통하는 핵심 통찰력이라고 할 만한 그의 경고가 심오한 이유는 그것을 내면화하기가 대단히 어렵기 때문이다. 그러나 우리가 1단계 견지에 머물고자 한다면 행위성을 인간에게 집중적으로 부여하는 것은 행위성이 동일한 층위에 있는 것이 아니라 서로 다른 층위에 있게 만든다. 특정 개체의 밖에 있는 것(그 개체의 '환경')이 실제로 "[밖의] 경계를 통과해 흐르는 힘, 행위, 개체, 요소들로 이루어져 있다"면, 그 흐름에 **저항**하고 어느 선까지는 '밖'으로 뛰어드는 선택을 할 수 있는 생명체는 단 하나다.[29] 라투르가 주장하는 방식이 "특정 개체의 안과 밖의 구분"을 지우는 것이라면, 자연의 이상현상이 기이한 이유는 자연이 안이면서 동시에 밖이기 때문이다. 인류세에서 내부자이면서 동시에 외부자이기도 한 자연의 지위는 극단적으로 강화되었다.

잘 못 된   존 재 론 적   전 회

포스트모더니즘은 '유물론'적인 성격에도 불구하고 **지식**의 세계, 아니 조금 더 정확히 말하면 지식과 관점의 세계에서 움직인다. 포스트모더니즘은 세계를 이해하는 유일하게 타당한 방식이 단 하나의 보편적 종류의 이성, 즉 아는 주체와 알려지는 객체 사이의 근본적인 구분에서 생겨난 이성을 통해 가능하다는 모더니즘의 주장에 반발하며 태동한 것이다. '존재론적 전회'(ontological turn)는 다양한 지식을 옹호하는 포스트모더니즘을 뛰어넘어 존재의 다양한 방식들에 담긴 진실, 즉 존재론의 다원성을 지지한다.

이런 전회는 서구의 근대와는 다른 관점에 주목했다. 즉 다른 문화권의 경우, 자연에서 인간을 분리해 격상시키지 않았다는 사실에 주목한 인류학의 경험적 동인을 차용한 것이다. 물론 이는 이미 오래전부터 알려진 내용이다. 새로운 변화는 세계를 **바라보는** 대안, 즉 원시적인 관점에서 존경받을 만한 관점, 지구를 구하는 유일한 수단으로 여겨지는 관점 등으로 이러한 문화를 이해하는 게 아니라 다양한 세계들, 즉 **존재의** 다양한 방식들을 이해하는 것이다. 이러한 견지를 가장 체계적이고 설득력 있게 학술적으로 정리한 저작은 필리프 데스콜라의 《자연과 문화를 넘어》(*Beyond Nature and Culture*)이다. 그는 이 책에서 내면성과 물질성의 다양한 조합을 통해 존재론을 체계화한다. 그는 존재론을 네 가지 층위, 즉 자연주의(근대 서구의 존재방식), 애니미즘(가령 아마존 원주민), 토테미즘(오스트레일리아 원주민), 아날로지즘(중국의 풍수나 중세 유럽)으로 나눈다.[30] 이런 방식에서 서구의 존재양식인 자연주의는 다른 존재양식들 중 하나에 불과하다. 데스콜라는 다른 세 가지 존재론에 경의를 표하는 중립을 유지하면서 주저 없이 자연주의의 결점을 지적한다.

데스콜라는 자연과 문화, 비인간과 인간 사이에 존재하는 (서구 자연주의의) 대립을 살펴보면서 어떤 독특한 특징 때문에 인간과 자연을 구분할 수 있는지 묻는다. 그는 아이들이 일찍이 의도성이 주어진 개체와 의도성이 없는 개체를 구분하는 법을 배운다고 인정하면서도, 의도성이란 자기 자신과 자연물을 구분하는 여러 뚜렷한 차이 중 하나에 불과하다고 말한다. 그러면서 왜 인간과 물체를 구분하는 경계를 의도성이나 언어, 뭔가를 만드는 능력을 기준으로 나누는지 묻는다. 어째서 움직임의 독립성, 생명 혹은 물질적 견고함으로 경계를 나누지 않느냐고 반문한다. 근대인들의 경우에는 "우리 자신과 다른 대상을 구별하는 아주 작은 양자"[31]에 의존하기보다는 우리 주변을 둘러싼 세계를 이해하기 위해 근대 이전의 존재론에 의존하는 것이 더 도움이 될 것이다. 물론 그 작은 양자만으로도 지구의 지질학적 움직임에 변화를 주기에는 충분하다. 그것도 거의 의식적으로 그렇게 할 수 있다. 근대인들이 지구에 변화를 주기 위해 서 있던 지점, 그들이 사용한 수단, 즉 축적된 자본의 힘으로 휘두르던 근대 기술이 만들어진 기반은 바로 자연주의라는 존재론 위에서였다. 그리고 진실인즉슨, 홀로세의 안정적인 상태에서 지구가 더욱 멀어지는 것을 방지하려면 근대 이전의 존재론에 의지하는 것만으로는 역부족일 것이다. 분명 아마존의 열대우림에서 그러한 목적을 이룰 수는 없을 것이다. 조금 더 정확히 말하자면 우리가 서 있어야 할 지점은 근대의 존재론에서 한 걸음 뒤로 물러난 자리가 아니라 한 걸음 **앞으로** 나아간 지점이어야 한다.

데스콜라는 꽤 그럴듯하게 인종차별의 조짐(악인의 경우)이나 "과거에 대한 완고한 향수"(선인의 경우)라는 비난을 감수하지 않고 "우리와 타자" 사이의 어떤 차이점을 언급하는 것이 어렵다고 서술한다.[32] 그는 후자의 비난에 대해서는 그의 저서에서 펼친 논거를 통해 스스로 옹호한다. 즉 서구의 우주론은 여러 존재 방식 가운데 하나에 불과하며, 이러한 우주론에 젖어 있는 사람들은 그 존재론을 활용해 타인을 판단할 수 없다는 것이다(사실 그는 긍정적인 측면에서 이런 논거를 펼치고 있다). 내가 근대를 살아가는 우리와 근대 이전의 타자들 사이의 차이점을 부각한다고 할 때 어떻게 하면 인종차별의 조짐이 보인다는 비난에서 자유로울 수 있을까? 즉각적인 대응은 스스로에게 타자가 인류세를 초래한 것이 아니라 바로 우리가 인류세를 초래했음을 상기시키는 것이다. 여기서 암시되는 바는, 내가 줄곧 주장해 왔듯, 믿기 어려울 정도로 역동적인 체제를 구축하고, 한때는 장엄했으나 파멸을 가져올 방식으로 삶의 조건들을 변화시킴으로써 쌓아올린 막대한 성취들에 대한 책임이 근대인들에게 있다는 것이다. 두 번째 대응은 근대 이전 존재론들의 모든 장점에도 불구하고 현재로서는 그런 존재방식이 우리를 도울 수 없다는 것이다. 그들의 우주론에 담긴 잘 알려지지 않은 정교한 체계, 그리고 자연세계와 맺고 있는 깊은 관계에 대해서는 인정하지만, 그런 우주론이 근대에 쌓아올린 방대한 기술적 성취와 그로 인해 세계를 파멸로 이끄는 영향에 대해 존재론적 기반을 마련해 줄 수는 없다.

데스콜라는 그의 저서 말미에서 근대 이전의 문화들이 "후기 근대의 불안정한 자연주의보다 오늘날 더 깊은 지혜를 줄 수 있다"[33]고 생각하는 것은 오판일 수 있다고 서술한다. 다른 지면에서는 "여전히 생생하게 존속하고 있는"[34] 더 좋은 방식들이 있는 상황에서 세계를 보는 우리의 방식을 "고수"해서는 안 된다고 말한다. 그러나 그러한 다른 방식들의 계승자들조차 그렇게 믿지 않는다. 우리가 세계를 구분하는 다양한 존재방식과 그에 상응하는 존재론의 타당성을 받아들인다고 해도, 이런 존재론 가운데 서구의 자연주의가 지구상에서 가장 우위를 차지고 있으며 계속해 다른 존재론을 몰아내고 있다. 이러한 '존재방식의 말살'(ontocide)이 완전히 성공하지는 못할 것이다. 원주민들이 현대세계에서 그들의 존재방식을 일정 부분 타협하는 한편, 그들의 우주론과 존재방식의 요소를 유지하는 방법을 찾으면서 전통과 현대를 혼합한 방식을 만들고 있기 때문이다. 마치 그들을 대변하는 것처럼 보일 소지를 각오하고 말하자면, 대다수 원주민은 현대세계와의 소통을 통해 그들을 명확히 다시 표현하지 않으면 과거의 세계가 보존될 수 없음을 이해하고 있다. 인간과 자연이 분리되지 않은 근대 이전의 존재방식으로 되돌아가자고 주장하는 사회과학자들은 일반적으로 원주민들 스스로도 환영하지 않는 정치적 전략을 제안한다. 심지어 데스콜라는 도서관 책장에서 잠자고 있는 근대 이전의 존재론들을 찾아내 "다시 소생시켜야"[35] 한다고 제안한다. 따라서 존재론적 인류학은 원주민들이 일상적으로 근대와 근대 이전의 존재론을 혼합하고 절충하며 살아가고 있는데도 그들을 정화된 특정 존재방식에 가둬둘 위험성을 안고 있다. 특히 그들이 '전통적인' 공예품 생산과 같은 작업에 착수할 때 근대 이전의 존재론을 강요할 소지가 있다. 전위적인 인류학자들이 새롭게 구분한 존재론적 세계는 원주민들 스스로가 장악할 필요를 느끼는 세계가 아니다. 근대에서 비근대로 건너는 다리, 그리고 다시 근대로 돌아올 수 있는 다리들이 존재하며, 상당수의 원주민들이 하루에도 몇 번씩 그 다리를 건너고 있다.

원주민의 존재론적 기반에는 근대성을 뛰어넘어 인류세의 새로운 존재방식으로 회복해야 하는 무언가가 있으며, 그들이 보유한 우주론 감성도 그중 하나다. 내면을 향해 자아와 자아의 구원에 몰두하는 기독교나 도시의 종교들과 원주민들의 우주론적 존재론을 차별화시키는 것은 바로 이러한 존재론의 '원시성'이다. 인류세의 그림자가 세계를 뒤덮으며 예배당이나 명상실에서 신을 아는 방법이나 공(空)에 이르는 방법에 대해 진심 어린 말을 듣는 것은 어려운 일이 되었다. 자아의 모든 여행에 깃든 내향성이 외부 세계에서 일어나는 일에서 주의를 돌리게 한다거나, 자연세계와 분리되지 않은 전통적인 원주민의 자아에는 인류세를 헤쳐 나갈 강력한 메시지가 담겨 있을지도 모른다는 생각이 퍼뜩 떠오르는 일도 없다.

그럼에도 불구하고 원주민들에게 인류세에 대한 해결책이 없다고 말한다고 해서 그들의 존재론을 폄하하는 것은 아니다. 인류세는 다른 모든 이들에게 그런 것처럼 원주민들에게도 큰 충격이다. 이런 상황에서 해결책을 찾고자 원주민의 존재론에 의지하는 것은 감당하기 어려운 부담을 안기는 것이다. 우리가 문제를 일으켰는데 존재론적으로 "순수한 상태로 돌아가는 것"은 답이 되지 못한다. 경외심으로 원주민의 문화를 바라보고 그들에게 마술적 힘이 있다고 여기는 것은 그들의 문화를 맹목적으로 숭배하는 행위다. 그들에게 기후를 변화시키고 행성의 지질학적 불안정성을 되돌릴 힘이 있다고 여긴 일부 사람들이 줄곧 취해 왔던 태도이기도 하다. 근대성의 역사적 진실을 거부하고 대안을 찾기 위해 근대 이전의 존재론들을 되짚어볼 필요는 없다. **앞으로 나아가는 유일한 방법**은 우리가 현재 처한 자리, 바로 근대성에서 출발하는 것이다. 바로 그 출발점에서 데스콜라의 네 개의 존재론에 추가될 다섯 번째 존재론, 즉 "근대성을 뛰어넘는" 존재의 방식을 찾아 나설 수 있다.

설령 지금까지 논한 이유를 모두 제쳐둔다고 해도 인류세에 대한 해결책을 찾고자 원주민의 존재론에 기대는 것이 왜 효과가 없는지 더 설득력 있는 이유가 있다. 서구세계가 아닌 지역에 사는 대다수가 아마존의 열대우림이나 북극권, 오스트레일리아의 중앙사막에 사는 것은 아니다. 그들은 중국, 나이지리아, 브라질, 인도네시아의 제멋대로 뻗어 나가는 도시에서 살고 있다. 대부분의 경우 그들은 (영토 내 원시부족의 전유물로 여기는) 비자연주의 존재론의 잔재를 뒤에 남겨두고 가능한 빨리 서구의 존재방식을 따르고자 한다. 아시아, 라틴아메리카, 아프리카의 상당수 인구가 성장 숭배, 기술적 관행, 소비생활, 유럽-미국의 존재방식인 개인적 정체성의 형성을 모방하기 위해 애쓰고 있으며, 대다수가 놀랄 정도로 크게 성공했다. 마샬 살린스(Marshall Sahlins)가 쓴 《자연과 문화를 넘어》의 서문에서 데스콜라는 "다른 사람들의 세계가 우리가 사는 세계 주위를 도는 것이 아니"라고 주장한다. 그러나 냉엄한 진실은 실제로 다른 이들의 세계가 돌고 있으며, 우리의 세계와 마찬가지로 그들의 세계도 인류세의 소용돌이 속으로 빨려 들어가고 있다는 것이다.

새로운 강대국으로 떠오른 중국은 자국의 우수한 인력을 북반구 선진국의 대학과 자연주의를 표방하는 대성당학교에 보내 근대적 성격의 주체와 객체로 나뉘는 존재론을 충분히 경험하도록 장려한다. 유럽이 17세기와 18세기에 걸쳐 점성술과 연금술로 대표되는 아날로지즘에서 과학으로 대표되는 자연주의로 옮겨가는 변화를 이루어냈다고 한다면, 중국은 서구 자연주의의 또 다른 큰 동인인 마르크스주의가 40년에 걸쳐 터전을 갈고 비옥하게 경작해 온 문화적 토양에도 불구하고 이를 30년 만에 해냈다. 그러니 공자를 부활시키기에는 너무 늦은 것이다.

상대적 존재론도 과학 연구도 사회 분석의 단단한 토대가 되어 주지는 못한다. 객관성과 "주체와 객체의 분리"에 대한 집착은 결코 근대화의 다른 영역들, 즉 상업·기술·국가·정치·법·식민지정복 같은 영역까지 미치지 못했다. 루카스 베시어(Lucas Bessire)와 데이비드 본드(David Bond)의 말을 빌리자면, 근대성은 "어떤 단일한 이분법을 중심으로 구축된 적이 없었다."[36] 실험실에서 이뤄지는 자연에 대한 과학자들의 잘못된 이해는 근대적 성격이 구현된 실제 관행들이 생겨난, 실험실 밖 어수선한 역사적 세계의 지침이 되어주지 못했다. 그리고 베시어와 본드는 문화 대 자연으로 가르는 근대철학에 부여된 과도한 영향력에 반대하며 기후변화의 원인이 근대적 성격 때문이 아니라 화석연료의 사용 때문이라고 말한다. 그리고 기후변화에 대응하는 방법을 찾기 위해 실제 역사와 최근의 정치에 눈을 돌리는 것이 더 좋은 방법이라고 덧붙인다. 영국은 석탄을 고집하고 있는 반면 프랑스는 왜 공해물질을 내뿜지 않는 원자력에서 전기를 생산하기로 결정했는지, 그 이유를 찾기 위해 자연과 문화의 분리에 대해 깊이 들어가도 큰 소득은 없을 것이다.

객관성에 대한 근대의 주장에서 비서구인들의 '야생의 정신'에 대해 연구하는 인류학자의 우월주의로 흐르는 것은 논리적 비약이다. 서구의 자연주의 존재론에 젖어 있는 서구인들만이 타자를 인종적 우월감의 시선으로 보는 것은 아니다. 19세기 일본에 발을 디딘 흑인이나 한국인이라면 이를 경험했을 것이다. 문화적 우월주의는 경계를 두지 않고 모든 존재론에서 발견된다. 과학 연구를 통해 발견되는 근대인에서 인류학자(하물며 식민지 정복자)의 근대화에 대한 세계관까지의 거리는 실상 엄청난 차이다. '근대의' 위험은 '서구'라고 일컬어질 수 있는 모든 태도, 관행, 이념을 잔뜩 구겨넣고는 어떤 질문에도 답을 찾기 위해 열어젖힐 수 있는 대형 여행가방 같은 역할을 할 수 있다는 것이다.

표면상으로 존재론적 다원주의는 "주체와 객체를 가르는 참담한 구분"[37]에서 우리를 벗어나게 해주기 위해 등장했다. 이런 다원주의는 우리가 더 이상 세상을 바라보는 다른 방식들을 서구의 시선으로 판단할 필요가 없음을 뜻한다. 근대적 특성에 비추어 다른 세계관들을 미신이나 낙후된 문화라고 치부하지 않게 된 것이다. 그러나 근대 이전의 존재론들을 미신이라고 일축하거나 그 존재론들이 근대의 존재론과 동등하거나 더 높은 차원에 있다고 하는 대신, 세 번째 대안이 있지 않을까? 한쪽에 비켜서서 "우리는 알 수 없고 판단하지 않을 것이다"라고 말하며 적정한 거리를 유지하고, 더 나아가 비록 서구의 자연주의가 유럽의 군사 기술력과 식민지 정복을 뒷받침하는 철학적 근거가 되었다고 해도 서구의 자연주의가 우세했음을 인정하는 또 다른 대안 말이다.

우주론적 감각 되살리기?

원주민들이 해안가에서 백인 침입자들을 발견했을 때, 그들은 이를 '그저 우연히 일어난' 의미 없는 사건으로 치부하지 않았다. 그들은 그 사건이 세계에 대한 이해체계에서 어디에 들어맞는지 그들의 우주론 안에서 답을 찾았다. 저 백인들은 과거의 영혼이 돌아온 것일까? 그들은 이런 식으로 특정 사건이 우연히 일어난 게 아니라 섭리에 따라 전개되는, 질서에 맞물린 거대한 사건이라고 인식했다. 이것이 바로 비서구적 우주론의 특징이다.

물론 서양의 종교 전통에서도 유사한 특징을 찾아볼 수 있다. 하지만 휴머니스트와 마찬가지로 포스트휴머니스트는 세계 역사를 일련의 우연한 사건들로 이해한다. 내적 의미가 모두 제거

된 세계사는 근대 **우주론**의 존재론적 핵심으로, 그 우주론이라는 용어 자체에 변화된 의미가 담겨 있다. 즉 세계창조, 그리고 그 안에 담긴 의미, 세계 내에서 부족이 차지하는 위치에 대해 삶 전체를 지배하는 믿음체계에서 우주의 기원과 물리적 구조에 대한 이론으로 변화한 것이다.

따라서 더 큰 세계 혹은 우주적 질서 안에서 의미 있는 전개로서 역사를 바라보는 근대적 관점은 더 깊은 차원에서는 존재론적 다원주의보다 비근대적이다. 존재론적 다원주의는 우리가 어떻게 다시 자연과 문화를 통합할 수 있을지, 그리고 자연과 문화가 사실은 결코 분리된 적이 없다는 것을 깨닫기 위해 근대 이전의 존재론에 의존함으로써 역사적 불행을 바로잡을 수 있다고 여긴다. 하지만 나는 인류세의 도래에 담긴 더 큰 의미를 직감하는 사람들에게 인류세가 도래한 지구상에서 인간의 역할이 무엇인지 다음과 같은 의견을 제시하려 한다. 인류세를 이해하는 세계관을 찾기 위해 근대 이전의 존재론으로 되돌아가는 것은 불가능하다. 뒤를 돌아볼 게 아니라 앞을 내다보며 더 큰 질서 안에서 생겨난 힘들과 모순에 의해 추동되는 **근대성의 진화과정 그 자체**에 대해 성찰해야 한다.

무엇보다 인간이 아닌 존재에게 행위성을 부여하는 문제에 대해 다시 생각해야 한다. 포스트휴머니스트들에게 인간만이 행위성을 가지고 있다는 주장은 환상이다. 인간과 비인간의 구분이 사라지고, 인간의 행위성이 개미나 로봇의 행위성과 거의 구분되지 않는 연결망 속에 매우 깊게 맞물려 있다고 가정한다면, 의도성과 자유라는 개념도 신기루가 되고 만다. 포스트휴머니스트는 고유한 존재로서 인간을 정의 내리는 근대 초기 철학의 범주들, 즉 자유·의식·의지·이성을 모두 의심한다. 하지만 비유하자면 터보엔진이 장착된 더욱 강력해진 행위성이 근대성의 **본질**로서, 근대인들은 압제에서 벗어난 자유와 자연에 행사하는 힘을 결합해 과학과 기술, 그리고 이를 동원한 제도를 활용했다.

물론 포스트휴머니즘은 물리적으로 피할 수 없는, 얽혀 있는 관계를 받아들임으로써 주체와 객체 사이의 엄격한 경계를 지우는 법을 가르쳐주었다. 생태학과 화이트헤드(Alfred North Whitehead) 덕분에 그 무엇도 관계 밖에서 존재하지 않음을 이해하게 되었다. 또한 과학의 현실 위에서 군림하는 대문자 S로 시작하는 과학(Science), 즉 흔히 유일의 절대적 과학이라 가정되는 과학이란 개념도 허물어뜨렸다. 하지만 인간이 연결망 내부에서만 존재할 수 있다고 해도 세상의 과정들이 복잡하게 얽혀 있는 연결망의 교점에 지나지 않는다는 뜻은 아니다.

근대는 환상이 아니다. 근대는 가장 큰 전망과 가장 큰 위험이 공존하는 시대이며, 각각은 엄청난 정치적·사회적 투쟁을 끝까지 치러낸 진정한 사회적 힘과 움직임으로 나타난다. 우리가 인류의 프로젝트에 깃든 위대함과 그에 따르는 극도의 위험까지 받아들일 때, 비로소 우리는 새로운 시대를 정의하는 질문을 던질 수 있다. 지구를 파괴하기보다는 지구를 달래고 보호하기 위해 인간은 어떻게 자신의 힘을 사용할 수 있을까?

4

행성의 역사

인 간 의   중 요 성

오늘날 광대한 우주에 떠 있는 작은 태양계의 보잘것없는 행성에서 살아가는 미약한 인류라는 존재에 대해 상기하는 것은 낯선 풍경이 아니다. 니체는 이미 오래전(1873년)에 가차 없이 서술했다.

무수한 태양계에서 쏟아져 나와 반짝이는 별들로 가득한 우주의 외진 곳에 별 하나가 있었다. 그 별에 사는 영리한 동물들이 지식을 발명했다.…자연이 몇 번 숨을 돌리고 난 후, 별은 차갑게 식었고 영리한 동물들은 죽어야 했다.

누군가 이러한 우화를 지어낼 수도 있겠지만 여전히 인간의 지성이 자연 안에서 얼마나 초라한지, 얼마나 덧없고 경솔한지, 얼

마나 목적이 없고 제멋대로인 것처럼 보이는지 충분히 표현하지 않았다.[1]

니체와 마찬가지로 칼 세이건(Carl Sagan)도 이렇게 썼다. "현재 생명이 서식하고 있다고 확신하는 유일한 행성은 암석과 금속으로 이루어진 아주 작은 점에 불과하다. 태양의 빛을 반사해 희미하게 빛나고 있어서 조금만 멀리 떨어져도 어디에 있는지 완전히 놓쳐버린다."[2] 인간 존재의 미미함을 환기시키는 이러한 인용은 인간이 힘을 얻거나 신의 선택을 받은 생명체라고 믿는 순간을 항상 위태롭게 하며 인간의 자존감을 산산조각 낸다. 과학은 인간의 위상을 격하하는 데 일조했다. 프로이트(Sigmund Freud)가 지적했듯이, 코페르니쿠스(Nicolaus Copernicus)가 우리의 행성을 우주의 한 점에 지나지 않는다고 격하시킨 후, 다윈(Charles Darwin)은 우리를 원숭이의 후손으로 만들었다. 이후 프로이트는 우리가 의식적인 마음을 통제하지조차 못한다고 말했다. 지구의 37억 년 된 생명의 역사에서 호모 사피엔스가 지구를 활보한 역사는 겨우 20만 년에 지나지 않는다. 인간의 역사는 심원한 거대 규모의 시간에 견주면 미미하기 짝이 없으며 지구는 광대한 우주에서 아주 작은 점에 불과하다. 이런 사실을 상기하면 우리 자신이 보잘것없이 느껴지고 우주에서 우리 인간이 차지하는 초라한 위상을 깨닫게 된다.

우리의 존재가 보잘것없다고 한다면, 우리가 사라지는 것도 별다른 의미를 갖지 않을 것이다. 따라서 '행성을 구하자'는 아우성에 대응해 영리한 동물에 대한 니체의 무관심을 상기하는 이들이 있다. 니체는 인간이 스스로 멸종을 자초하고 있을지 모르는 동안에도 행성은 존속할 것임을 태연하게 상기하며 죽을 수밖에 없는 영리한 동물의 운명을 말했다. 존 그레이(John Gray)는 이런 경향을 다음과 같이 포착했다.

> 호모 라피엔스(Homo rapiens, 호모 사피엔스를 '약탈하는'이라는 뜻의 'rapacious'로 바꿔 패러디한 것으로, '약탈하는 인간'이란 뜻)[*sic.*]는 수많은 생물종들 중 하나일 뿐, 특별히 존속되어야 할 가치는 없다. 조만간 인간은 멸종될 것이다.…인간이 사라지면 지구는 회복될 것이다.…지구는 인류를 잊을 것이다.[3]

이런 진술에 함축된 잔인함은 차치하고라도—기근, 재난, 전쟁을 통한 인간의 소멸에 수반되는 고통에는 명백히 무관심해 보인다—정말로 인간이 지구에서 사라진다면, 이 행성은 어떤 중요한 의미도 가시시 못한 채 더 이상 존속하지 못할 것이다. **지구에 의미를 부여하고 지구를 우주에서 고유한 행성으로 두드러지게 만드는 것이 바로 우리**이기 때문이다. 파리 지하철의 포스터에 쓰여 있는 "자연은 인류를 필요로 하지 않는다"는 경고성 문구는 사실이 아니다. 인간은 침팬지와 전혀 다를 바 없고 침팬지도 "특별히 존속되어야 할 가치가 없다"고 진심으로 믿지 않는 한 말이다. 누구도 이런 진술 중 어느 것도 진심으로 믿지는 않을 것이다. 그레이처럼 냉소가를 자처하는 이도 그럴 것이다. 그의 진술을 문자 그대로 해석해서는 안 된다. 극도의 분노에서 오는 고통을 그나마 견딜 수 있는 냉담함으로 대체해 위안을 얻으려는 시도일 것이다. 그런데 인간의 소멸은 침팬지의 멸종이라는 비극과는 또 다르게 가장 심대한 존재론적 사건이 될 것이다.

인간의 위상을 낮춤으로써 겸손함을 주입하려는 선의의 철학적 시도는 위대한 인류 프로젝트의 가치마저 작아 보이게 한다. 여기서 인류 프로젝트라 함은 인간이 지구를 지배하는 게 아니라 서로 협조하며 지구의 한계 내에서 지혜롭게 살아가는 법을 배우는 동시에 인간과 행성의 잠재력을 키우는 것을 목표로 삼는 프로젝트다. 따라서 인간의 소멸이 별 다른 영향을 미치지 못하는 사건이 될 것이라고 말하는 것은 매우 심각한 도덕적 오류다. 그것은 인류 프로젝트, 즉 **지구**의 위대한 인류 프로젝트를 부정하는 것이기 때문이다.

니체의 허무주의가 지구상에서 인간의 소멸에 동요되지 않는다면, 이와 정반대 되는 실수는 인간이 절멸할 수 있다는 가능성을 부인하는 것이다. 누군가는 비극적 상황이 비극이 아니라고 말한다. 다른 누군가는 비극이 일어날 수 없다고 말한다. 이런 태도를 잘 보여주는 사례가 테야르 드 샤르댕과 토마스 베리의 우주론적 유토피아니즘이다. 이 이론에 따르면 신과 우주는 고차원적인 계획을 가지고 있다. 그 계획의 테두리 안에서 인간과 자연이 맺고 있는 관계의 어두운 면과 그로 인해 인류세에서 나타나는 인간의 약탈적 면모들은 큰 계획이 전개되며 초월하게 되는 하나의 단계에 불과한 것이다.

클로드 레비스트로스(Claude Lévi-Strauss)가 말했듯이, 사실상 세상은 인간 없이 시작해 인간 없이 끝날 것이다. 그러나 오늘날 세계를 정의하는 것이 인간이라는 사실을 부인할 수는 없다. 불과 20만 년 전에 등장한 호모 사피엔스는 가까운 미래에 지구에서 사라질지 모르지만, 우리 종의 직접적인 영향력은 적어도 수십만 년 동안 지속되며 지울 수 없는 흔적을 남길 것이다. 만약 1억 년 후 외계 문명이 우주의 역사를 쓴다면, 지구는 인간의 행성으로 알려질 것이다.

온난화가 진행되고 있는 세계에 직면해 새로운 유형의 실존적 패배주의가 나타나 종종 목소리를 높인다. 한두 세기 후에 인간이 사라진다면, 100억 년으로 예측되는 지구 역사에서 호모 사피엔스의 역사는 극히 짧은 순간에 지나지 않고, 인간의 흔적은 자연 과정에 의해 곧 지워지며, 자연은 그저 계속 제 할 일을 할 거라는 목소리다. 해러웨이는 이러한 패배주의를 약간 비틀어 인간을 언젠가 땅 속에 재흡수될 퇴비 정도로 간주한다. 인간이 우주먼지로 구성된 일시적 집합체에 불과하다고 설명한 우주론의 지구 버전인 셈이다. 이런 의견은 보통 종의 미래에 대한 모든 걱정에서 벗어나게 해주는, 씁쓸할 만큼 무미건조한 사실과 함께 제시된다. 인간의 소멸을 운명론적으로 받아들이는 태도는 포스트휴머니스트에게 흔히 나타난다. 무자비한 생태계 파괴에 대해 그들이 느끼는 당연한 혐오는 포스트휴머니스트를 인류 프로젝트 전반을 부정하는 정적주의로 인도한다. 인간을 자유롭게 해 번영을 가능케 하는 근대 프로젝트에 대한 믿음을 상실하는 것이다. 이는 신약성서에서 말하는 인류의 타락에 대한 연민보다는 구약성서를 연상하게 하는 죗값에 대한 무언의 판단(어쩌면 심판)으로 변형된다.

만약 인간이 지구의 심원한 시간 중 불과 20만 년을 살다가 종말을 맞이한다고 해도 강한 의미에서 인간 없이 지구는 존재할 수 없다. 이것은 분명한 사실로 남아 있다. 인간이 없다면, 지구의 존재는 생각조차 할 수 없다. 물론 인간이 없는 지구를 **상상**할 수는 있지만, 오직 지적인 존재만이 머릿속에 상상할 수 있다. 인간만이 지구상에서 세상을 만들며, 지구가 하찮은 우주적 존재로 전락하는 것을 막을 수 있다. 오직 인간만이 지구를 우주적 이해의 중심지로 거듭나게 할 것이다. 지구에서 인간의 소멸은 우주적 의미를 갖는 비극이 될 것이다.

역사에 의미가 있을까?

인류세의 미래를 곰곰이 들여다보고 있으면 피할 수 없는 질문 하나가 생겨난다. 인간의 이야기에서 가장 최근의 단계는 지구의 이야기에 어떤 식으로 들어맞을까? 인간이 심원한 시간에 걸쳐 작용하는 자연의 힘과 겨루며 지질학적 힘이 되는 문턱을 넘어섰다면, 우리는 어떻게 이 지점에 도달하게 된 것일까? 이는 단순한 연쇄적인 인과관계에 따른 거대사(Big History)가 아니라 역사 그 자체의 의미를 열어주는 질문이다. 근대 과학과 진보, 그리고 이를 둘러싼 철학 이론들로는 더 이상 설명되지 않는 아주 오래된 문제를 다시 다루는 것이다. 하지만 인간에 대한 더 광범위한 개념이 없다면, 우리는 단지 짧게 번성하다 지구를 파괴하고 간 존재로 남게 되는 것 아닐까? 지구에 대한 책임을 이

행하기 위한 우리의 고투는 비록 패배할지라도 역사 전체에 방향과 의미를 부여할 수 있다. 인류세에 진입하는 시점에서 인간의 존재가 무의미하다면, 인류가 지구상에서 생명의 조건을 체계적이고 의도적으로 파괴하는 경로에 들어선 것도 무의미하다. 그러나 적어도 인간이 들어선 경로에 대해 반성하는 이들에게 이런 무의미한 상황은 가능해 보이지 않는다.

니체가 주장했듯이 우리는 신의 죽음에 암시된 모든 의미를 직시해야 한다. 니체에게 있어 우리가 선택받은 생명체가 아니라면, 인간의 존재에 특별한 의미는 없다. 하지만 현재 우리는 가공할 만한 힘을 가진 고유한 생명체가 야기한 지질시대인 인류세에 진입했다. 어떤 사람들은 설명할 것이 전혀 없다고 느낀다. 결과적으로 그렇게 된 것뿐이라고 여긴다. 그러나 조만간 이런 허무주의자들은 자업자득에 빠질 것이다. 인간의 이야기와 인간이 이룬 상상하기 힘든 성취들을 진심으로 단념하겠단 말인가? 그 모든 것을 아무것도 아닌 것으로 치부하며 우리의 존재를 짧은 시간 동안 엔트로피에 저항하기 위해 모인 분자들의 집합체로 여기겠다는 것인가? 거대한 가속도의 시대에 구축된 진보라는 근대의 형식이 인류를 벼랑 끝으로 몰아넣었다면, 우리는 인간이 이룬 모든 진보를 포기해야 할까? 이에 대한 대답이 왜 '그렇지 않다'인지 몇 가지 이유를 제시해 보겠다.

근대철학이 그 이전의 모든 철학 이론들을 폐기하는 동안, 사실상 고차원적인 기술과 물질적 발전을 의미하는 진보에 대한 신념은 근대의 실질적 역사철학으로 자리 잡았다. 이는 마르크스주의와 사회민주주의를 포함한 점진주의적 반대 세력으로 시작된 정치적 이념에도 확대된 철학 개념이었다. 진보는 이제 당대의 사고체계에 매우 깊숙이 스며들어 하나의 신념이라고만 표현하기에는 더 이상 적절하지 않다. 이제 진보는 현 세계에서 눈에 띄지 않는 배경이 되었다. '거대서사'는 특정한 생태학적 비평에 대해 격한 반응을 보일 때를 제외하면 더 이상 언급할 필요도 없게 되었다. 인류세의 도래로 인해 우리는 은밀하게 남아 있던 역사철학과도 단절되었다. 이러한 철학이 사라진 상황에서 우리는 끈 떨어진 연처럼 표류하게 될 것으로 보인다. 결국 우리 각자는 진보의 흐름에 몸을 던진 채 그 물결에 휩쓸리게 된 것이다. 우리에게는 그저 진보의 흐름에서 좌우 방향 중 어디로 갈 것인지를 선택할 자유밖에 없다. 우리의 힘이 너무 약하면 바닥에 가라앉아 익사할 수도 있다. 물론 진보의 흐름에 떠내려가지 않고 물이 잔잔하게 소용돌이치는 곳에 몸을 맡기거나 물 밖으로 기어올라 강둑에 앉아 있을 수도 있다. 하지만 그렇게 할 수 있다 해도 거센 흐름에 서항하려면 아주 단호한 의지가 필요함을 깨달을 것이다. 체제는 모든 저항을 응징한다. 사회적 압력은 너무도 강력하다. 불안감은 압도적일 수 있다. 극단적 환경운동가와 자발적 내핍을 선택한 사람들에게 쏟아지는 조롱과 원망만 보더라도 쉽게 알 수 있다. 주류의 흐름에서 간신히 벗어난 이들은 성문화되지 않은 사회적 합의에서 등을 돌리는 것이나 마찬가지다. 즉 역사 자체에 등을 돌리는 것처럼 취급된다.

1989년 사회주의 붕괴와 함께 유토피아에 대한 자본주의의 약속은 끝없이 지속되는 현재에 대한 진부한 기대로 바뀌었다. 그러나 외연을 넓혀가는 풍요에 대한 공식적인 이념은 가장 둔감한 수혜자를 제외한 모두에게 이것 말고도 무언가 더 있을 것이라는 집요한 미련을 남긴다. 한편 가이아 가설을 주창한 제임스 러브록의 인간 종에 대한 이야기는 당혹감을 안겨주기도 한다. 인간은 우연한 유전학적 사건들을 거치며 등장했고, 행성의 한계를 벗어나는 정도까지 증식해 지구의 에너지를 소모하고 있으므로 얼마 후 무감한 가이아인 지구에 의해 소멸된다는 것이 이야기의 골자다. 그의 이야기는 그 안에 담긴 인간의 고통에 무관심하고 인간 존재의 뚜렷한 고유성에 눈을 감고 있음으로 인해 많은 사람들을 충격에 빠뜨린다. 가이아를 감상적으로 다루지 않는 러브록의 관점은 인류세 과학을 통해 정당화된다. 하지만 어떤 이유에서인지 인류의 막대한 문화적·지적 성취를 무화시키는 냉소적 시각에는 거부감이 든다. 러브록이 가이아라는 개념을 구상하면서 동시에 인간 존재를 시아노박테리아 같은 무의미한 존재와 동일한 범주에 넣은 것처럼 보여서일까?

따라서 나는 이런 질문을 제기하고 싶다. 인류세가 최초로 보편적인 안트로포스, 즉 인류를 탄생시켰다면, 이와 관련한 새로운 거대서사에 배경이 되는 이야기가 있지 않을까? 그리고 그 첫 번째 장이 쓰인 시기가 1945년이 아니었을까? 물론 인류세의 도래를 우연한 사건으로 이해하는 사람들도 있을 수 있다. 어떤 패턴이나 맥락 없이 서로 관련 없는 연속된 사건들의 결과로 보는 것이다. 하지만 인류세를 인간과 지구의 역사라는 더 넓은 개념에서 이해할 수 있는지 살펴볼 가치는 있다. 특히 필연적으로 자연을 지배하는 세력으로 등장한 인간에 대해 과거의 영향력 있는 사상가들이 언급한 이야기들을 재검토하기 위해서라도 시도해 볼 필요가 있다. 과거의 사상가들이 위태로운 지구 시스템의 교란에 초점을 맞춘 것이 아니라 '지구상에서' 인간의 변모라는 측면에서 사유체계를 구축했다고 해도 도움이 될 것이다.

결국 우리는 인류의 의지가 자연의 힘에 기술 산업적 공격을 가해 종말을 자초할 수 있다는 가능성에 직면했다. 인류세의 위험한 조건들은 우리를 새로운 서사로 이끌 것이다. 이 새로운 서사는 통제에서 벗어나는 지구와 지구상에서 우리의 지위에 의미를 부여하기 위해 압박받는 인간 사회에 대한 설명을 뛰어넘는다. 새로운 인류의 이야기는 더 넓은 개념의 역사를 가리키며 지구상에 살아가는 인간들의 총합이라는 의미를 넘어 안트로포스, 즉 **인류**에 대한 역사철학으로 자리매김할 것이다. 그런데 이 이야기는 그 어떤 이야기와도 같지 않은 새로운 서사여야 한다. 새로운 지질시대로 이행하는 과정에서 새로운 서사는 인간의 역사에만 국한되지 않는다. 그것은 **행성의 역사**여야 한다. 인간의 역사와 지구의 역사를 아우르는 서사인 것이다.

철학자들이 인간의 본성에 대해 생각할 때 일반적으로 인간의 사고능력을 결정적인 특징으로 꼽는다. 겉으로 구현된 것이나 주변과 맞물린 모든 것을 뛰어넘어 생각하는 능력을 우선시하는 것이다. 하지만 인류의 진정한 소명에 해당하는 것은 지구에 대한 숙고라기보다 지구를 **변화**시키는 것 아닐까? 깊은 생각이 따라왔든 그렇지 않든 간에 우리가 인류세에 진입하게 된 계기는 우리가 생각을 해서가 아니라 행동을 취했기 때문이다. 우리가 단순히 생각하는 존재로만 정의된다면, 인간이 환경에 끼친 엄청난 변화는 우연히 일어난 것이고 우리의 본성과는 관련이 없는 셈이다. 그러나 우리는 지금 인류세에 살고 있다.

철학이 새로운 조건을 드러내 오래된 문제들을 없앨 수 있다면, 새로운 조건이 던지는 새 질문들 또한 인식할 수 있을 것이다. 나는 인간의 역사를 전체로 아우르는 서사, 즉 세계사를 제시하는 것이 처음으로 정당하다는 뜻을 내비쳐왔다. 전 세계 사람들이 싫든 좋든 세계화와 인류세라는 20세기 후반의 보편화된 힘들에 의해 결속되었기 때문이다. 이제 세계사는 인간과 지구가 맺은 관계의 내재된 구조와 그 관계의 양상에서 등장한 서사다. 이것은 통제를 벗어난 행위성의 서사다. 이 서사 안에서 인간의 구원은 초월적인 영역에서도, 경제 성장이라는 무한한 약속에서도 찾을 수 없다. 오히려 구원은 다 함께 자제력을 발휘하는 인간들을 통해 일어날 것이다.

인류의 종말과 기술 산업 프로젝트의 궁극적인 실패 전망으로 인해 우리는 인간에 관한 근원적인 질문들, 기원을 둘러싼 난

제, 지구상에서 인간의 위치, 삶의 의미, 구원에 관한 질문들을 다시 던지고 있다. 따라서 새로운 역사적 시대가 밝아오는 새벽녘에 해답을 줄지도 모르는 서사에 대해 궁금해 하며 점차 잊히고 있던 질문들로, 그것도 300-400년이 지난 시점에서 돌아가는 것도 전혀 놀랄 일이 아닐 것이다. 본격적으로 의견을 밝히기 전에 우선 세 가지 전제에 대해 논해 보겠다.

첫째, 역사의 문제가 인간 존재의 문제와 일치한다면, 역사의 문제는 결코 사유에만 국한된 문제라고 할 수 없다. 그것은 행위의 역사, 노력의 역사이며, 갈등과 업적, 실패의 역사다. 인류세의 도래가 지구상의 현상으로서 인류 전체를 있는 그대로 보여주는 신호라고 한다면, 이는 우리가 지구에 미친 물리적 영향력을 통해 나타난 신호다. 또한 인간과 지구의 역사를 아우르는 서사와 지구역사학(geohistory) 원리를 마련할 수 있게 된 것도 바로 이런 현상 때문이다. 따라서 인간의 본성과 역사에 대해 질문하는 것은 이성의 구조나 의식의 상태에 대한 답을 찾기 위해 더 깊은 성찰을 요구하지 않는다. 겉으로 확연하게 드러난 문제에 대한 답을 찾기 위해 계속해서 인간의 내면을 파고드는 것은 이제 모더니즘에서 보이는 회피의 한 형태로 보일 수 있다. 이런 질문은 지구 시스템 과학의 증거를 기반으로 인간이 인류세의 곤경에 빠진 것이 무엇을 의미하는지 더 넓게 숙고할 것을 요구한다. 인류세에 이르러 마침내 인간이 진정 무엇인지 명료하게 볼 수 있는 것이다.

둘째, 과거의 이야기와 새로운 이야기의 차이는 과학적인 것 이상이다. 즉 그것은 '환경을 고려하기 위해' 혹은 지구 시스템 과학을 고려해 단순히 다시 쓴 것이 아니라 그 이상이다. 새로운 이야기에는 새로운 주인공이 있다. 근대적 이야기의 주인공은 의식과 이성의 혜택을 누리며 결정 능력을 갖는 자율적 주체였지만, 이제는 주인공 자리를 내줘야 할 때다. 새롭게 태동한 안트로포스, 즉 인류는 좋은 싫든 인간의 세계를 만드는 관행, 지구를 변형시키는 힘에 초점을 맞춘 개념이다. 두 가지 저항할 수 없는 힘 사이에서 괴로움을 겪고 있는 인류가 족쇄를 찬 초행위자로 변모하는 것에 대해 이야기하게 될지도 모른다. 우리는 지구와의 분리를 확신하며 모든 경계를 뛰어넘길 열망하는 자기주장을 펼치고 있지만 또 한편으로는 진정시키기 어려워진, 반격에 나선 지구가 가하는 제약에 맞서고 있다.

셋째, 미리 정해진 목표로 사건들을 이끄는 신적인 행위자를 상상하는 것은 더 이상 가능하지 않다. 하지만 사건들이 체제지향적인 법, 힘, 성향 같은 특정한 목표를 향해 추진되지 않는다고 말하는 것은 아니다. 의도 없이 방향을 제시하고, 목적을 추구하지 않아도 목적으로 향하는 **목적론적 법칙**(teleonomy)의 과정은 존재한다. 자기 조직 시스템에는 특정한 지향성이 있다. 이런 시스템은 어떤 결과를 의도하고 있는 것처럼 작동한다. 그렇다면 인간이 지구 전역으로 퍼져나가며 환경을 점점 더 변화시키도록 추동하는 추진력이 어떤 단계에 이르러 매우 커지고 활발해져 자연의 힘과 겨룰 정도가 되었다고 생각하는 것이 타당하지 않을까? 그렇다고 이런 경향이 필연적인 결과는 아니었다. 왜냐하면 낭만주의에서 오늘날 환경운동에 이르기까지 자연에 대한 무분별한 착취를 저지하는 대항하는 힘들이 존재했기 때문이다. 그러나 결국 우리가 처한 현재의 지점으로 이끈 경향은 인간과 지구의 관계를 보여주는 역사에서 타당한 방향성을 생겨나게 할 정도로 강력했다.

계　몽　적　　　　우　　화

지구상에서 인류의 운명을 암시하는 우화에 가까운 논의를 펼쳐보려 한다. 이것은 인류세의 도래로 야기된 인간과 지구의 관계가 나아가야 할 지향성을 설명해 줄 수 있을 것이다. 우화는 이렇게 전개된다. 서너 세기 전, 이보다 훨씬 더 오랜 준비 기간을 거친 후 인류는 "개인의 자유에 내재된 위험한 모험"[4]의 두 번째 마지막 단계에 들어섰다.

　세계를 만들며 지구를 변화시키는 힘을 양도받아 그에 대한 책임을 맡게 된 인간은 운명의 실현과 우리의 진정한 소명을 발견하는 기회를 약속했던 열린 전망 앞에 서게 되었다. 신의 죽음이 구원과 천벌에 매달리던 개인의 신념을 전복시켰다면, 그와 동시에 인류는 자기 운명의 주인으로 거듭났다. 그렇다면 이

195

때 본질적인 질문은 지구의 제약에 감히 도전하는 세계를 만들고자 하는가, 혹은 자연도 함께 번성하는 세계를 만들고자 하는가다. 즉 인간이 지구의 건강한 진화에 책임을 지는 세계를 만들 것인지가 중요한 질문으로 남게 된 것이다. 이는 근대가 시작되면서 나타난 궁극적인 역사적 우연성에 기인한 것이었다.

자연에 행사할 수 있는 막대한 잠재적 힘을 가지고 있으면서 동시에 자연의 제약에 묶여 있는 자유로운 존재를 창조하는 과업을 완수한 후, 운명은 물러났다. 그러자 남자와 여자 들은 지구상에서 스스로 행로를 정하면서 자신이 가진 힘을 발전시키고, 그에 따르는 책임을 받아들이거나 포기할 수 있었다. 신의 존재를 지탱해 주던 이들은 마치 신이 존재하지 않는 것처럼(*etsi deus non daretur*) 행동할 수밖에 없을 것이다. 우리는 자유를 이용해 우리의 가능성과 조화를 이루는 방법을 찾을 수 있을까? 운명을 거역할 것인가, 운명에 협력할 것인가? 자유, 그 중에서도 특히 자연을 개조하는 자유의 출현은 이러한 질문의 포문을 여는 조건이었다. 그 지점에서부터 우리의 운명이 밝혀진 것이라면, 그것은 종교 경전이 아니라 세계와 그 역사에 대한 우리의 이해에서 해석될 수 있을 것이다.

운명은 그 자체로 우리에게 부여되는 것이지만 우리에게 선택할 수 있는 자유를 준다. 결과를 생각하지 않고 되는 대로 살 것인지, 지구를 보살피는 의무를 받아들일 것인지 선택할 자유가 있는 것이다. 이런 의무에는 우리를 보살피는 의무도 들어 있다. 인류를 전멸할 수 있는 핵무기로 인해 인간은 존재의 벼랑 끝에 서게 되었다.

이야기의 구성을 조금 달리해 보자. 운명의 손이 모습을 감춰 버려 우리가 운명을 '잊어버리고' 주의를 돌리게 된 것이다. 사건은 우연히 일어난 것일 수도, 우리 자신의 선택에 의해 일어난 것일 수도 있다. 자연과 분리되었으나 자연을 이해하고 정복하는 데 사로잡힌 우리의 의식은 최대의 자율성을 얻는 것을 포함해 우리의 계획과 내면에 집중하게 되었다. 하지만 운명의 '감춰진 손'처럼 지구상에서 우리에게 부여된 더 큰 역할은 지구가 보내는 신호에 민감한 이들에게 알려지게 되었다. 이는 인류세의 놀라운 사실 앞에서 오해의 여지가 없다. 앞으로 나아가려는 일상적 시도를 넘어선 어떤 목적, 보다 큰 뭔가의 고동소리가 희미하게나마 언제나 울려 퍼지고 있었다. 그 소리는 과거의 방식처럼 신비한 경험을 통해 들리는 게 아니다. 세계에 대한 관찰과 이해의 과정을 통해 인간과 지구 역사의 흐름 속에서 들을 수 있다.

운명을 깨닫는 과정은 더 이상 영적인 여정이 아니다. 과학적 세계관에 의해 가능해진 '인식론적인 거리' 위에서 펼쳐지는 지적이고 물리적인 여정이다. 그러나 궁극적으로는 서로 대립되는 사회적 동인들, 즉 무관심이라는 동인과 관심의 동인 들이 벌이는 권력투쟁이었다. 무관심의 동인들로는 권력에 대한 욕망, 탐욕, 성장 숭배, 쾌락주의, 심리적 약점이 있다. 관심의 동인들로는 자제력, 자연세계에 대한 존중, 아이들에 대한 사랑, 문명의 번영에 대한 열망이 있다. 이렇게 상반되는 동인들이 서로 겨루고 있는 것이다.

다소 다른 측면에서 보자면 지구와 인간이 여전히 창조의 과정에 있다는 것이 이 이야기의 골자다. 여기서 우리의 선행과제는 지구의 작용에 관한 이해가 폭넓어지고, 좋든 나쁘든 간에 지구의 경로를 변화시킬 수 있는 힘을 갖게 된 시대에 지구와 조화를 이루는 것이다. 이런 의미에서 볼 때 인류는 충분히 발달하지 않은 지적·도덕적 상태에서 이 세계에 태어났다. 지구에서 계속 살아가는 법을 배우고 양심에 따라 지구를 변화시키는 법을 배움으로써 성숙할 수 있는 소명을 띤 채 말이다. 우리에게 자유가 주어졌을 때, 그리고 어떤 경로를 택하든 자유롭게 선택할 정도로 세계가 발달되었을 때 비로소 인류는 성숙해질 수 있다. 악이 존재하지 않으면 선도 존재하지 않듯이, 지구에 대해 관심을 기울이기로 선택하는 것은 지구에 대해 무관심하기로 선택할 수 있을 때 가능한 것이다. 따라서 지구와 함께 어떻게 살아갈 것인가에 대한 문제는 궁극적으로 우리가 지구에서 생명을 파괴할 힘을 발전시키고 나서야 그 답을 찾게 될 수 있을 것이다. 이러한 환경에서라야 인류는 완전한 도덕적 발전을 이룰 기회를 갖게 될 것이다. 물론 경우에 따라서는 실패할 가능성도 있다.

지구에 대한 환상이 깨지고 나서, 다시 말해 과학 지식의 영향력이 커짐에 따라 자연을 둘러싼 신비가 설 자리를 잃게 되면서, 책임감을 갖고 지구를 돌볼 수 있는 관계의 기틀을 마련하게 되었다. 또한 자율성이 증대됨에 따라 더욱 막중해지는 자연에 대한 의무를 받아들이면서 도덕적 존재로서 잠재성을 발휘할 수 있는 기회도 마련되었다. 인간의 의식이 자연과 분리되지 않았고 자연을 무시하거나 착취하려는 유혹 없이 자연 속에서 깊숙이 살아가는 동안에는 올바른 길을 찾아가기 위한 투쟁도 있을 수 없었다. 그러나 자연에 대한 환상이 깨지고 신이 물러간 뒤에야 인간 존재에 대해 새로운 정당한 이유를 찾기 위한 여정이 시작되었다. 지구상에서, 그리고 지구의 한계 내에서 어떻게 함께 살아갈 것인지 배우는 고된 노력이 바로 우리가 걸어야 할 길이며, 인류가 우주에서 자신의 위치를 찾을 수 있는 기회다.

일부 독자들은 앞서 소개한 우화가 '이레나이우스 신정론'(Irenaeus theodicy)으로 알려진 이론과 구조적으로 유사함을 알아차렸을지 모르겠다. 2세기의 교부였던 이레나이우스의 이름을 딴 그의 이론은 그보다 훨씬 엄격했던 아우구스티누스의 신정론에 밀려났지만, 동방 정교회에서는 아직까지 이레나이우스 신정론의 명맥이 살아 있다.[5] 이레나이우스는 인간이 지구에 완벽한 상태로 도착해 에덴동산에서 유혹에 넘어가 타락한 것이 아니라 창조의 과정을 겪고 있는 것이라고 주장했다. '원죄'는 심신을 쇠약하게 만드는 영구적 오점이 아니라 유년시절의 실수로 간주되어야 한다는 것이다. 그에 따르면, 선과 악의 진정한 대결은 우리가 성숙해져 자율적인 결정을 내릴 정도로 **자유**로워졌을 때 비로소 펼쳐질 수 있다.

그렇다면 우리는 우리 자신의 도덕적 노력을 통해서만 완전한 인간이 될 수 있을지 모른다. 이는 인간 존재가 신의 인도 아래 악의 유혹을 이기고 선을 선택하는 자율적 존재로 발전하는 과정을 예견하는 신정론이었다.

내가 조심스럽게 전개한 세속적인 우화는 넓은 의미에서 이레나이우스 신정론을 반영하고 있다. 인간은 완전한 도덕적 자율성과 좋은 쪽이든 나쁜 쪽이든 세상을 바꿀 수 있는 힘을 행사하는 존재, 주의를 기울이든 되는 대로든 세계를 형성하는 책임감을 발휘하는 존재로 **진화**해야 하는 것이다. 이레나이우스의 신정론에서처럼 '타락'은 인간이 태어난 에덴동산에서 일어나지 않았다. 그것은 여전히 전개되고 있으며, 아직 결과가 불확실한 사건이다. 결과의 불확실성 때문에 내가 제기하는 '인정론'(anthropodicy)과 에코모더니스트가 말하는 인정론은 구별된다. 그들에게 인간은 선의와 전능이라는 측면에서 신을 반영하고 있는 존재다. 내가 말하는 인간은 셰익스피어의 작품에서 등장할 법한 인간이다. 영광을 누릴 수도 비극에 빠질 수도 있는 존재인 것이다. 이런 인간들에게 선의는 위험을 무릅써야 하는 어떤 것이며 전능에 대한 열망은 가장 위험한 유혹이다.

만약 이미 우리에게 손을 뻗친 것으로 보이는 이러한 유혹에 굴복한다면, 우주의 미래 역사가들은 제2차 세계대전 이후의 세기, 특히 우리 스스로 무슨 일을 벌이고 있는지 파악하고 있었던 1990년대 이후의 몇 십 년을 타락의 시대로 규정지을 것이다. 이 이야기에서 근본적인 죄악은 신의 명령을 거역한 것이 아니다. 우리에게 주어진 삶의 터전인 지구를 훼손하고 파괴함으로써 인간에게 부여된 특별한 선물인 행위성을 남용한 것이 바로 우리가 저지른 잘못이다.

이레나이우스는 인간이 발전시켜 온 물질세계에 행사하는 막대한 힘과 그런 힘에 따라오는 유혹에 대해서는 전혀 상상하지 못했을 것이다. 게다가 개인의 운명을 결정하는 것이 악에 대항하는 개인의 도덕적 투쟁이 아니라 인류 전체의 투쟁이라는 점에서 딜레마에 빠지고 만다. 개인이 아무리 지구상에서 주의 깊게 행동하며 미덕을 쌓는다고 해도, 지구를 파괴하는 힘을 멈추려면 오직 집단적 통제를 통해서만 가능하다. 우리가 변화시키기 위해 선택할 수 있는 대상은 권력층이 지배하고 있으나 단호한 의지를 가진 대중을 통해서도 변화될 수 있는 사회구조, 제도, 문화 같은 시스템이기 때문이다.

이레나이우스에게 있어 인간은 악의 유혹과 진정으로 맞섰을 때 비로소 성숙한 인간으로 거듭날 수 있는 존재였다. 하지만 그의 신정론에는 궁극적으로 선의가 승리한다는 믿음이 항상 암시되어 있었다. 따라서 그는 신이 인간에게 자기결정권을 부여하면서 신이 선호하는 결과를 보장하기 위해 개입한다고 믿었다. 그러나 결정적인 문제가 더 이상 개인의 구원이 아니라 지구에 대한 공동의 책임이 된 오늘날의 세계에서 우리에게 주어질 결과는 과거의 신정론처럼 미리 결정된 것이 아니다. 결과는 전적으로 공동의 의지가 발휘된 행위에 따라 달라지기 때문에, 지금처럼 무관심의 힘들이 우위를 차지하는 상황에서도 결과는 항상 불확실하게 남아 있었다. 하지만 인류세가 도래함에 따라 과거 우리가 우리의 자율성을 어떻게 사용하기로 선택했었는지는 누가 봐도 명확히 알 수 있다.

"정 치 는   운 명 이 다"

인간의 운명에 대한 질문을 받은 소설가 윌 셀프(Will Self)는 코웃음 치며 말했다. "우리는 연체동물의 운명에 대해서는 말하지 않는다. 그렇다면 인간이라고 뭐 다를 게 있겠는가?" 셀프는 생물종들의 존재 의미를 돌아보는 작가들의 축제에 참석한 주의 깊은 청중 앞에서 연체동물과 인간의 존재론적 구분을 부인했다. 그는 인간 존재의 의미가 굴이나 침팬지의 존재와 비교했을 때 크게 나을 것이 없다고 보는 듯하다. 인간의 운명을 굳이 진지하게 받아들여야 할 가치가 있는지 반문할 뿐이다. 그렇다면 내가 몇 가지 추측을 해보도록 하겠다. 인류세의 도래가 암시하는 인간의 운명과 관련해 정말로 인간의 존재가 갖는 의미가 그 정도에 불과한지 살펴보자.

기후 위기와 인류세의 도래는 새롭고 근본적인 것을 드러내고 있다. 행성의 역사적 관점에서 우리는 인류세를 단순히 인간에게 일어나고 있는 사건, 인간을 변화시키는 사건으로만 볼 수 없다. 또한 인간이 초래한 시대만으로 볼 수도 없다. 우리는 지구의 흐름에 깊숙이 들어와 있다. 인간의 의지나 그로 인한 영향이 지구의 진화를 주관하는 자연적인 힘들과 합쳐지고 있기 때문이다. 우리는 이런 현상을 지구의 역사에서 존재론적인 전환으로 간주하게 된다. 완벽한 인간이 되고자 하는 세속적인 목표를 포기하고 기술을 기반으로 한 권력에의 의지를 넘어서야 하는 전환을 자발적이든 불가항력에 의해서든 이뤄내야 하는 것이다.

인류 단독으로 미래를 만들어간다는 휴머니즘의 추정은 더 이상 옹호될 수 없다. 동시에 우리가 지구에 대한 과학적 개념에만 머문다면 여러 관심사를 다룰 수 없고, 인류사와 지구사에 도래한 전환점의 의미를 이해하는 방식을 계속해서 찾아야 할 것이다. 이제 우리는 자유로운 인간이 서술한 이야기인 인간중심적 역사에서 지구역사학자들이 쓴 이야기인 지구역사학으로 옮겨가고 있다. 더욱 강력해진 힘들에 의해 머지않아 압도될 수밖에 없는 강력한 존재들의 이야기를 하기 위해서다. 인간이 지질학적 힘이 되면서 자연의 역사와 인류사의 구분은 붕괴될 것이라는 차크라바르티의 중대한 논평과 가이아에 대한 라투르의 재구상을 고려해 볼 때,[6] E. H. 카(Carr)의 유명한 역사적 구분은

버리기보다는 뒤바뀌어야 한다.

> 인간이 시간의 흐름을 자연 과정, 즉 사계절의 순환이나 인간의
> 일생이라는 측면이 아니라 인간이 의식적으로 관여하고 의식적
> 으로 영향을 미칠 수 있는 일련의 사건들이라는 측면에서 생각
> 할 때 역사는 시작된다.[7]

역사 연구는 그 무엇에도 개의치 않고 계속 진행되는 무의식적인 자연세계에서 활동하는 행위자들에 대한 연구다. 이제 우리 인간의 미래는 지구의 지질학적 진화의 미래와 얽히게 되었다. 앞으로 우리의 역사는 점차 인간의 영향을 받는 '자연' 과정에 의해 좌우될 것이다. 인류세에서 지구를 통제하기는 점점 더 어려워지기 때문에 이러한 자연 과정에 행위성이 부여되면서 점차 우리의 통제를 벗어나게 될 것이다. 그렇다고 해서 인간의 행위성이 사라지는 것은 아니다. 하지만 근대의 무한한 가능성과는 대조적으로 인간의 행위성에 제약이 가해지는 시대로 진입하고 있다. 인간이 자신의 역사를 만든다는 근대적 신념은 더이상 유지될 수 없을 것이다. 우리가 만드는 무대는 역동적이고 변덕스러운 힘들이 작용하는 공간이 되었기 때문이다.

대학에서 가르치는 사회과학, 특히 '환경을 고려'하는 분야는 이제 홀로세의 학과목으로 분류되어야 한다. 인문학부에서 가르치는 것이 자연과학부에서 새롭게 등장한 지식과 상충하지

않도록 홀로세 시대의 학과목을 재개정하는 과정은 무척 고되고 오랜 시간을 필요로 하는 중대한 작업이 될 것이다.

인류세 과학의 독특하고 놀라운 점은, 정의상 새로운 지질시대가 자유로운 인간의 활동과 분리될 수 없다는 것이다. 지구 시스템 과학은 필연의 영역과 자유의 영역의 통합으로부터 발생한 최초의 과학이다. 이런 과학은 지구 시스템에 대한 지식을 전해 줄 수 있지만, 과학만으로는 인류세에 함축된 광범위한 의미를 알려줄 수 없다. 그래서 우리에게 철학이 필요한 것이다.

헤겔과 마르크스의 전통에 따르면, 역사는 최종 단계를 향해 전개되는 자기완성의 과정이다. 정신의 실현, 즉 계급 없는 사회, 참된 자유자본주의의 보편적 풍요를 향해 거침없이 나아가는 과정인 것이다. 자유라는 개념은 진보의 법칙에 순응해야 하는 개념으로 변형된다. 초기 근대철학을 괴롭혔던 문제, 즉 자유와 필연 사이의 모순은 간단하게 뛰어넘는다. 역사가 그 어느 때보다 더 위대한 성취, 자기결정, 번영을 향해 인간이 진보해 나가는(그 과정에서 우회하거나 실수가 있었다고 해도) 이야기라고 한다면, 역사를 견인하는 동력이 역사의 개방성에서 자유를 앗아가는 셈이 된다.

자연의 필연성이 발휘되고 있는 이 시점에서 나는 확정할 수 없는 자유를 가능하게 하는, 다시 말해 더욱 엄격해진 제약 내에서 더 순수한 자유를 허용하는 역사적 개념을 주장하는 바이다. 이는 추측에 근거한 역사를 실제 역사로 대체하자는 주장이 아니라 역사에 대한 실질적인 이해 내에서 사건들이 실제로 전개되는 의미를 찾고자 하는 시도다. 역사적 사건이 소급되어 의미를 부여받는다는 점에서 특정한 사건은 필연적으로 '미래완료'(will have been)로 존재한다. 이런 소급성(retroactivity)이 생경해 보이는 이유는 일반적인 선형적 인과성에 반하기 때문이다. 모든 사건이 발생하는 이면에는 그럴 만한 원인이 있다는 생각과도 배치된다. 이 방식은 **이유**뿐만 아니라 원인까지 소급해서 찾아낸다. 슬라보예 지젝(Slavoj Žižek)의 말을 빌리면, 이유와 원인은 "선형적인 순서 내에서 결과가 어떠냐에 따라 소급되어 활성화된다."**8** 원인이 결과를 일으킨 것이 아니라 결과가 원인을 일으켰다는 뜻이다.

지젝이 서술하듯이 "대단히 '역사적인' 순간들에는 삶의 모든 형태가 위협받는 거대한 충돌이 존재한다. 이런 충돌이 일어나면 기존의 사회적·문화적 규범들은 더 이상 최소한의 안정성과 응집력도 갖지 못한다."**9** 현재 인류의 역사와 지구의 역사 사이에서 일어나고 있는 충돌보다 더 큰 충돌은 없을 것이다. 인간의 공통된 운명을 좌우하는 능력이 더 이상 인간에게 있지 않을 가능성은 사실상 인류세 과학에 내재된 의미이며, 이는 근대의 종말을 뜻한다. 우리가 기술을 이용해 지구 시스템의 붕괴를 막고 지질학적 시계를 거꾸로 돌릴 수 있을 거란 확신은 새로운 지질시대를 완전히 잘못 이해한 것이다. 이제 지구의 운명과 인간의 운명이 합쳐졌기 때문이다. 우리가 이런 압박 속에서 반드시 이뤄내야 하는 소명은 자유와 책임을 결합해 자유의 영역을 필연의 영역 안에 구축하고 그 결과를 받아들이는 것이다.

또한 우리의 사고체계도 과거의 사건들에 국한해 주목해서는 안 된다. 새로운 시대의 의미를 파악하기 위해서는 우리 자신을 미래의 사고체계에 투영해 생각해야 한다. 역사가 과거에만 국한되지 않도록 미래를 통해 현재를 소급해 보자는 것이다. 만약 계몽주의가 그저 인간이 우연히 관여한 사건이나 인간이 스스로 구축한 환경에서 도출한 사건이 아니라고 가정해 보자. 사실상 인류가 성년이 되는 시기에 계몽주의가 발현한 것이라고 가정한다면, 인류세는 성년의 시기가 끝나고 어른이 되기 위해 노력했던 우리의 결과를 보여주는 시기가 시작됨을 뜻하는 게 아닐까? 우리는 '인류세'로 표현되는 갑작스럽게 등장한 기라성 같은 힘들에 비춰 우리의 과거를 더 잘 이해하게 되었다. 지구 시스템 기능에 가해지는 제지할 수 없는 교란이 촉발되며 무엇이든 가능했던 열린 시대가 종말을 고하게 된 것이다.

인류세라는 역사적 전환점에 접어들면서 우리는 새로운 방식으로 과거를 바라볼 수 있다. 우리는 계몽주의에서 말하는 자유가 꽃을 피우는 순간을 목격하고 있다. 하지만 과학혁명과 산업혁명을 인류의 역사에서 영원히 지속될 마지막 단계의 시작점이라고는 더 이상 볼 수 없다. 그렇다고 문명이 최종적으로 성숙한 단계에 도달한 것도 아니다. 오히려 책임의 시대가 시작되는 시점으로 이해해야 한다. 인간이 어떻게 그들의 잠재력을 실현시키면서 동시에 지구에서 살아갈 수 있는지 알아내기 위한 도전의 시대가 밝아오고 있는 것이다. 그런데 얄궂게도 새 시대의 새벽에 깨어난 인간들은 욕구에 끝이 없듯 그들의 힘에도 한계가 없다는, 타당해 보이는 신념을 가지고 있었다. 따라서 세계에 한계가 존재함을 이해하는 것, 그리고 이러한 이해에는 일련의 의무들, 즉 새롭게 발견된 힘을 겸손하고 사려 깊게 행사할 의무가 담겨 있어야 한다는 것이 인류가 풀어야 할 시험이었다. 이 시험의 불확실한 결과는 인간과 지구의 운명을 열린 결말로 남겨놓았다. 하지만 이제 인류세에서 하나의 운명은 다른 하나의 운명을 결정짓는다. 따라서 인간의 운명에 대한 단서는 지구와 인간이 맺고 있는 이 위험한 동맹관계 안에서 찾을 수 있을 것이다.

보수 성향의 사람들에게 역사의식은 T. S 엘리엇(Eliots)이 말한 것처럼 "과거의 과거성을 비롯해 현재성의 인식"[10]이라고 한다. 그렇다면 인류세에서 현재는 미래에 깊숙이 발을 담그고 있으며, 인류 전체의 미래에 대한 인식, 다가올 시대의 불안한 현재성에 대한 인식을 불러일으킨다고 말할 수 있을지 모른다. 미래를 구분 짓는 윤곽이 희미하게나마 보인다면, 미래는 더 이상 기술유토피아주의자들이 꿈꾸는 수단, 이를테면 기후공학, 특이점, 행성 개조, 우주여행 등을 통해 탈출할 수 있는 막연한 영역이 아니다. 시시때때로 변하는 현재보다 안정적인 과거에서 주관성을 찾아내거나 과거의 가치를 옹호하는 보수주의의 태도는 미래가 집요하게 엄습하는 시대에서 지속될 수 없다. 캐서린 말라부(Catherine Malabou)는 "주관성 자체 내에서 작용하는" '선행구조'(anticipatory sturucture)에 대해 서술하고 있다. 이런 구조는 미래가 좌절된 꿈들 중 하나인 상황을 제외하면, 다가오는 것을 보고 있으면서도 "다가오는 것을 알지는 못하는" 상태를 의미한다. 인류세의 도래에 경각심을 갖고 있는 사람들에게 '두고 봅시다' 하고 관망하는 태도는 캐서린 말라부가 상상했던 것보다 더 구체적으로 "목적론적 필연성과 놀라움의 상호작용"을 뜻한다.[11] 우리는 무엇이 다가오고 있는지 어렴풋이 알고 있지만 정확한 세부 내용을 알지는 못한다. 인류세는 예측 가능한 지구에서 변동성이 커지는 지구로 전환하는 것이기 때문에 우리는 거듭 놀랄 수밖에 없을 것이다.

과거는 보수주의자만큼 급진주의자에게도 크게 다가온다. 하지만 우리가 인류세를 홀로세의 연속이라고 추정한다고 해도 급진주의자는 과거를 연속성이 아닌 균열의 논리로 본다. 헤겔과 마르크스에게 있어 과거는 미래의 경로를 위한 토대였다. 용서받지 못한 과거의 참혹한 사건들마저 역사의 최종단계를 실현하기 위해 '필연적'이었다면 상쇄될 수 있었다. 최종단계의 실현을 위해 '데우스 엑스 마키나'(deus ex machina, 라틴어로 '신의 기계적 출현'을 뜻하는데, 고대 그리스극에서 초자연적인 힘을 이용해 극의 긴박한 국면을 타개해 결말로 이끌어갈 때 사용하는 방식이다—옮긴이)로 등장하는 신도, 그 어떤 신의 개입도 역사의 실현을 위해 필요로 하지 않을 터였다. 미래는 과거에 스며들어 있다. 실제로 계속될 것이라고 추측했던 것은 중단되었다. 현재 작동하고 있을 거라 생각되는 추측에 근거한 미래는 물리적인 형상으로 나타났다.

인류세 과학은 최후의 심판이 시작된 세계를 아는 것이 불가능하다고 했던 칼 바르트(Karl Barth)의 관점을 뒤집는다. "우리가 우주에서 살아왔고 지금 이 순간에도 살아 있다고 해서 자연이 미래의 어느 순간에도 우리를 위해 존재할 것인지 우리는…알지 못한다. 우리가 지금 보고 알고 있는 별자리, 바다, 넓은 계곡, 고지 등은 미래에 무엇이라 불리고 무엇을 뜻할지 알지 못한다."[12] 지구가 앞으로 1세기 후에 어떤 모습일지 보여주기 위해 과학자들이 색깔로 표시한 열복사 지도라는 것이 있다. 무더운 지역일수록 빨갛게, 건조한 지대는 노랗게 표시되어 있다. 이 지도를 응시하고 있노라면, 여전히 남아 있는 불확실한 안개 속에서도 인간의 새로운 힘이 미치는 영향 아래 놓인 자연의 드넓은 윤곽을 알아차릴 수 있다.

초행위자인 인간에게는 지구를 돌보거나 지구를 무시할 수 있는 선택권이 있었다. 기술력의 축적과 결합한 근대적 자유의 출현은 관심과 무관심이라는 양극단의 태도가 나타나게 한 조건이었다. 뜻밖의 사건들로 가득한 세계에서 우리는 이 두 가지 방식 중 하나를 선택해야 하는 상황에 놓일 것이다. 근대주의는 이러한 양극성을 진보라는 추진력을 통해 경제 성장 형태로 해소하고자 했다. 하지만 이미 밝혀졌듯이 진보의 상승하는 추진력에 포함된 힘들은 동시에 아래로 끌어내리는 힘이기도 했다.

기술에 의해 더 큰 동력을 얻은 자유가 지구를 돌보거나 무시할 자유로서 생겨났다는 주장은 끝없는 인간의 진보를 말하는 모든 서사들과 배치된다. 이런 서사는 환경에 대한 인간의 확대되는 통제를 기반으로 하고 있으며, 길들여지지 않는 자연의 우발적 사태로부터 우리를 벗어나게 한다. 인간이 물질적 욕구에서 벗어나 충분한 자유를 얻게 되면 지구가 지속 가능할 수 있도록 보살피는 선택을 할 것이라는 믿음은 인류세가 도래함에 따라 경제학자들의 환상에 불과했음이 드러났다. 인간이 계속되는 파괴를 묵인하고 있다는 점에서 그러한 믿음은 희망사항이었다. 고의적인 무관심의 가능성을 인정하면서 우리 자신의 합리성에 대한 믿음을 의심해 보았다면, 한쪽으로 치우친 우리의 결정을 지구가 그토록 격렬하게 상기시킬 필요는 없었을 것이다.

세계사를 형이상학적인 힘으로 이해하려는 유혹에 맞서 나폴레옹(Napoléon I)이 괴테에게 보낸 "정치는 운명이다"[13]라는 말을 상기해 보면 좋을 것이다. 근대는 완전한 해방에 대한 전망에 도취되어 있지만 현재 우리에게 가장 중요한 질문은 우리의 자유를 가지고 무엇을 **할 것**인가이다. 자유가 가장 위대한 것은 아니다. 우리의 자유를 어떻게 사용하기로 결정하느냐가 가장 위대한 것이다. 그래서 인간에게 지구를 변화시킬 정도의 힘과 재량을 부여한 정치적·경제적 변화 속에서 **선택**이 생겨났다.

책임을 지든 방관을 하든, 선택과 관련된 힘들은 구체적인 역사적 힘이다. 내가 말했듯이, 책임을 지고자 하는 편에는 지구의 물리적 한계, 실제 생태계 교란에 의한 피해 증거, 오랫동안 사욕을 추구하는 이들의 논리, 환경보호주의의 정치적 힘, 자연의 아름다움과 완전한 상태에 대한 내밀한 애착, 그리고 보호할 의무가 있는 문화와 종교의 감각에 대한 과학적 통찰력이 모여 있다. 이와 대척점에 있는 무관심의 편에는 이익 추구로 작동하는 경제구조에 내재된 탐욕적인 집단, 공통된 관심을 가진 막대한 정치 권력, 물질적 풍요에 대한 끝없는 요구, 그리고 이와 더불어 의도된 무지와 무관심, 회피, 부인 같은 인간의 약점들이 동원된다. 우리의 행위성을 어떻게 사용할 것인가를 둘러싼 이토록 엄청난 투쟁에 대해 **철학적으로** 논할 수 있는 부분이 더 많이 존재하지 않을까?

5

인간의 흥망성쇠

자 유 는 자 연 에 엮 여 있 다

근대철학의 아버지라 일컫는 철학자들에 따르면, 중세의 몽매에서 탈피해 순수이성의 해방적 힘을 발견한 인간의 행동이야말로 근대성을 상징하는 결정적 행동이었다. 이를 계기로 인류는 처음으로 완전히 변성 가능한 역사적 설계에 뛰어들었다. 1784년 칸트는 자신의 기본 입장을 밝힌 에세이, "계몽이란 무엇인가?"(What is Enlightenment?)에서 인간이 이성을 이용해 자기결정의 길을 갈 수 있는 용기를 찾아냈기 때문에 자유—이성을 공적으로 사용할 자유—가 생겨났다고 주장했다. 예측할 수 없는 신의 구원에 좌지우지되는 것이 아니라 자기결정권을 발휘함에 따라 자유가 생겨났다는 것이다. 한마디로 우리는 미성년 상태에서 벗어나 성년에 도달한 것이다. 이런 서사에서 인간적 자유의 역사는 소수의 자유로운 사상가들이 지적 용기를 발휘하고 나서 우연히 일어난 사건이었다.

근대는 인류가 새롭게 기반을 다져 스스로 만든 도덕률을 지켜야 하는 시대였다. 그렇다면 당시 인간이 그렇게 행동하기에 안전한 장소는 우리의 이해체계가 확실한 영역, 즉 데카르트(René Descartes)가 말한 '명료함과 뚜렷함'이라는 내적 영역이다. 이로써 우리는 종교적 미신이나 '마법화된' 자연과 같이 우리를 에워싼 힘들로부터 스스로를 끌어내 멀리 떨어져 있는 신이 관장하는 기계적인 우주를 탄생시켰다. 자연은 무기력하고 수동적으로 인식되었다. 근대 이전의 시기에는 이렇게 죽어 있는 세계를 상상조차 할 수 없었다. 근대 이전만 해도 "영혼이 존재 전체에 물밀듯이 넘쳐나고 모든 사물에서 조우했다."[1] 광부들은 살아 있는 땅에 갱도를 파고 들어가기 전에 화해의식을 치르곤 했다.

근대의 근본적인 행위를 이해하는 방식이 인류세라는 사건에 대응하는 방식의 틀을 잡아준다. 인류세의 도래는 근대가 도래한 순간, 더 나아가 사실상 문명 그 자체가 태동한 순간에 비견된다. 영리한 동물, 즉 **이성적 동물**(animal rationalis)이 이뤄낸 자기 해방이라는 용기 있는 행동 덕분에 자유가 생겨났다면, 우리는 그 무엇에도 빚을 지지 않고 자유를 얻어낸 것이므로 원하는 대로 자유를 사용할 수 있다. 우리의 자주권은 우리에게 아무 요구도 하지 않는다. 그러나 인간에 대한 이런 새로운 관점이 출현했음에도 불구하고, 눈에 띄지 않는 곳에서 또 다른 이해 체계가 형성되어 인류세의 도래와 함께 이제 그 윤곽을 드러내고 있다. 만약 인간의 자유가 지금까지 어디에나 편재된 '필연의 영역'에 반대해 '자유의 영역'을 만들어낸 소수의 용감한 철학자들을 통해 자연에서 분리된 우연한 **부수현상**(epiphenomenon)이 아니라면? 만약 자유가 자연 전체에 속해 있어서 프리드리히 셸링(Friedrich Schelling)의 사상처럼 **자유가 자연의 구조에 얽혀 있다면 어떨까?**[2] 이런 생각은 생명과 인간 존재가 단순한 우연의 산물이 아니라고 직감하는 사람들의 관심을 끈다. 지구를 더이상 수학적 인과법칙 아래 놓인 정교한 기계가 아니라 현대 과학이 말하듯 **창발성**(emergent properties)을 특징으로 하는 자기조직적인 동적 시스템으로 생각할 때, 경험적 힘이 생겨난다. 창발성은 전체 시스템에 속해 있지만 시스템의 개별 요소에서는 찾을 수 없으며 원인과 결과에 대한 설명에도 들어맞지 않는다. 이런 시스템—지구 시스템은 이런 모든 시스템의 모체다—안에서 미래는 완전하게 예측되지 못하며 반드시 놀라운 사건들을 품고 있다.

과학자들이 자기조직적인 복잡한 시스템과 이런 시스템의 특징인 자발적 창조성을 이해하기 전에는 생명의 탄생을 비롯해 창조에 관한 사실은 신의 개입으로 인한 것이었다. 혹은 어떤 식으로든 인과적 메커니즘에 들어맞아야 했다. 종교 성향이 강한 이들에게 자연의 자발적 창조성은 신의 존재에 대한 최후의 보루가 될 수 있다. 과학적 설명을 통해 불가해한 현상을 하나씩 밝혀감에 따라 '틈새의 신'(God of gaps, 인간이 과학적으로 설명하지 못하는 현상을 가리키며, 이것이야말로 신이 있다는 증거라고 주장하는 것—옮긴이)이 감당해야 했던 난처한 상황에서 벗어날 수 있는 안전한 보루가 된 것이다. 이는 자연의 놀라운 독창성과 무한한 생성력에 대해 영국의 동물학자 애튼버러(David Attenborough)가 표현하는 경이의 근원이 될 수도 있다.

자유의 자발성은 창발성을 특징으로 하는 복잡한 시스템의 이치에 들어맞는다. 지구 시스템 과학이 밝혀내 설명하기 시작한 지구 행성의 특징과도 일치한다. 지구는 원시적으로 생명을 발생시키고 나중에는 지적인 생명까지 만들어낼 수 있었다. 이런 이해는 자연과의 실제적인 분리와 자연에 대한 확고한 의존 사이에 존재하는 뚜렷한 모순이 해소될 수 있음을 암시한다. 만약 자유가 자연 전체에 엮여 있다고 한다면, 이는 맞물린 주체라는 개념과 정반대에 놓이게 된다. 이 개념에서는 자연이 자유에 엮여 있기 때문이다. 이런 사유는 인간과 자연적인 것들이 합쳐지는 인류세의 철학적 토대가 된다. 이뿐만이 아니다. 상호주관적이기만 한 것도 아니고 자연에 매몰되는 것도 아닌 윤리의 공간을 마련하기도 한다. 하지만 이런 윤리는 물질적 뿌리에서 결코 분리될 수 없는 주관성에서 출발한다.

주관주의 철학을 비판하는 이들은 항상 추론적인 생각과 직관적이거나 감각적인 지식의 결합을 꾀하면서 주관주의를 극복하려고 노력했다.[3] 하지만 지금 우리가 서 있는 지점에서 볼 때, 이러한 비평가들의 노력은 헛수고였다. 그들 역시 동일한 주관주의적 토대에서 논의를 시작하고 있기 때문이다. 설령 다른 종류의 지식이 다른 곳(신적인 영역이나 본체, 칸트철학에서 말하는 이성에 의해 사유되는 예지적 대상이나 절대적 실제-옮긴이)에서 비롯되었다고 해도, 단지 **지식의 형식**을 확대하기 위한 시도였을 뿐이다. 이제 우리는 주체와 객체로 구분 짓는 칸트철학의 범주가 무너졌음을 알고 있다. 인류세에 진입한 지구상에서 자유와 자발성은 더 이상 주체의 영역에 속하지 않는다. 또한 객체와 자연도 더 이상 필연의 영역에 속하지 않는다.

칸트철학은 세계를 필연의 영역(자연과 자연법칙)과 자유의 영역(인간이 점유한 영역)으로 명료하게 구분한다. 이런 구분이 오로지 철학적인 관심사에 해당하는 것처럼 보일지 모르겠지만 사실은 근대 사상의 핵심이다.[4] 이는 우리가 무의식적으로 일상에서 우리 자신을 정의하는 방식이다. 인간은 스스로를 우리 주변의 세계와 구별되는 신체 내부에 존재하는 고립된 자아로 정의한다. 하지만 근대에서 태어난 자유인은 이제 새로운 사실을 깨닫고 있다. 그는 더 이상 '환경에 의존'하는 것이 아니라 완전히 새로운 방식으로 환경과 유대를 맺으며 얽혀 있다. 그가 살아가는 세계는 자신의 자유를 행사할 수 있는 수동적 세계가 아니라 활기차고 제멋대로이며 격앙될 수 있는 세계다. 인류세가 도래하기 전만 해도 칸트철학에 의거한, 두 영역으로 나뉜 근대 세계의 구조를 믿는 것이 가능했다. 그러나 인류세의 도래 이후 두 영역은 서로의 영역으로 스며들었다. 이제 자유는 제한적이고 조건이 따라붙는다. 무질서하고 빠르게 반응을 보이는 지구에서 자유는 잠정적으로 행사되어야 한다. 필연성은 예측할 수 없고 무절제하며, 자유로운 존재의 자극에 과민반응하기 쉽다. 이것이 바로 이 책의 첫 번째 목적을 지구 시스템에 대한 우리의 새로운 지식에 비추어 자유와 필연의 개념을 재정립하는 것으로 삼은 이유다.

'포스트주의자들'(postologists)의 연구, 그 중에서도 특히 브뤼노 라투르와 해러웨이, 칭, 이사벨 스탕제르(Isabelle Stengers)의 연구는 칸트철학의 구분을 무너뜨리는 데 성공했다. 그들의 연구는 인간이 아닌 존재에 행위성을 부여하고 더 이상 인간이 자유를 독점할 수 없다고 밝히며 두 영역을 한데 얽히게 했다. 그들이 예견하지 못한 것은 인류세의 도래로 말미암아 인간의 해체된 자유가 복원되어야만 했다는 것이다. 그것도 이번에는 유례없는 힘이 집중된 인류, 엄청난 행위성이 집중되어 자연의 위대한 힘들과 겨루게 된 인류의 자유가 복원되어야 했다. 하지만 한편으로 이 자유는 우리의 행위성을 넘어서 자신의 '행위성'을 가진 야생적이고 반항적인 필연의 영역에 단단하게 매여 있는 자유였다.

우리 시대의 위험은 더 이상 필연성과 동떨어져 자유가 행사될 수 없다는 사실을 인류가 깨닫지 못한다는 데 있다. 이제 더 이상 순응하는 지구에서 자유롭게 행위성을 행사하던 근대인들처럼 살아갈 수 없음을 깨닫지 못한 것이다.

우리가 지구 시스템의 창발성, 즉 자발적 창조성을 인정한다면, 자유의 영역은 언제나 자연 안에서 잠재적인 가능성일 뿐이었다. 그러나 이토록 자유로운 창조물 안에서 지구는 고집 센 아이를 낳았다. 성년에 이른 아이는 때때로 모든 유대관계를 깨고 그를 탄생시킨 모체 위에서 군림할 수 있다고 확신했다. 이러한 이해(이전 장에서 말했던 우화 속에 함축된 내용)는 신인간중심주의에서 말하는 특정한 인류의 존재를 가능하게 한다. 세계를 만드는 강력한 존재인 인류의 세계는 그 세계에 속한 행위자들이 구현한 실재 안에, 따라서 자연계에 맞물린 실재 안에 깊숙이 들어와 있으며 항상 제약을 받는다.

자연에 엮여 있는 자유에 관한 이런 개념은 칸트의 개념보다 더 인간중심적이면서 동시에 덜 인간중심적이기도 하다. 덜 인간중심적인 이유는 자유가 영구적으로 자연 속에 둘러싸여 있기 때문이다. 즉 자유는 지성을 사용한 대담한 철학자들에 의해 갑자기 생겨난 것이 아니다. 자유의 가능성은 언제나 자연 안에 존재한다. 일단 자유가 출현하면, 자연에 매여 있고 자연과 연결되어야 한다. 동시에 더 인간중심적인 이유는 자유의 근원이 자연 전체 내에 있음을 알게 되면 무거운 책임감이 따라오기 때문이다. 자연을 보호하고 개선하기 위해, 또한 새로운 세상을 만들어가며 자연의 한계 내에서 살아가기 위해 책임감을 가져야 하는 것이다. 다시 말해 자유에는 '대상'에 대한 우리의 의무에서 **출발**하는 윤리가 따라오며, 그래야만 비로소 다른 주체에 대한 윤리도 생겨난다. 이러한 윤리는 다른 모든 것과 마찬가지로 선택할 수 있는 자유에서 비롯되지만 다른 것들과는 달리 필연의 영역에 뿌리를 두고 있다. 자유가 자연에 엮여 있다면 책임 또한 자연에 엮여 있다.

인간과 자연, 필연과 자유 간의 새로운 이중교차에 비추어 볼 때, 인류는 더 이상 변칙, 즉 자연의 이상현상이 아니다. 우리는 자연 전체의 **열쇠**가 된다. 어떤 식으로든 자연 전체에서 자유를 이해할 수 있다면, 인류세에서 인간의 의지가 지구 시스템의 기능에 개입하는 현상에 대해서도 분명 더욱 이해하기 쉬워진다. 그런 경우 행성의 지구역사학에서 새로운 지질시대를 초래한 인간의 활동이 전체로서의 자연현상에 아무런 작용도 하지 않는 윤리적 실수로 간주되어서는 안 된다. 인간의 활동은 전체로서의 자연과 그와 관련한 서사의 흐름에 대해 근본적인 무언가를 우리에게 알려준다. 하지만 인간이 자연 전체의 열쇠가 된다고 해도 쇼펜하우어(Arthur Schopenhauer)의 다음과 같은 경구가 포착한 신비주의 전통과는 선을 긋는다. "우리는 자연에서 온 우리 자신이 아니라 우리 자신에게서 온 자연을 이해하는 법을 배워야 한다."[5] 쇼펜하우어는 '영원의 철학'[16세기 이탈리아 구약성서학자 아고스티노 스테우코(Agostino Steuco)가 처음으로 언급한 표현으로, 모든 위대한 종교의 본질적이고 공통된 핵심 진리─옮긴이]의 첫 번째 가르침을 바꿔 말하고 있다. 즉 각각의 존재는 그 존재 안에 전 세계의 본질을 품고 있으므로, 그것을 찾는 방법을 안다면 존재 안에서 모든 것을 찾을 수 있다. 이러한 이해체계에서 진보의 유일한 형태는 더 높은 의식 상태에 이르는 것이다. 그러나 인류세에 의해 밝혀진 지구학의 흐름에서 동력은 지구와 자유로운 존재들의 변화하는 물질적 관계의 변화에 속해 있다. 더 높은 의식 상태를 추구하는 것은 일종의 회피가 되고 만다.

인류세가 인간의 역사와 지질학적 역사의 수렴을 뜻한다면, 전체로서의 자연은 인간과 지구의 역사가 수렴할 **수 있도록** 전개되는 영역이다. 새로운 시대는 우리에게 인류와 지구의 역동적인 상호관계, 즉 '역사와 자연의 통합'을 인정하게 한다. 인류와 지구는 전체에 속하는데, 모든 역사가 그 안에서 이뤄진다는 점에서 역사를 초월하는 전체다. 셸링은 이런 통합을 "영구적인 통일의 상징"[6]으로 보았지만, 실제로는 인간과 자연 사이의 조화로운 결혼이 아니라 이혼할 수 없는 부부 간의 전쟁에 비견되었다. 자연이 인간과 분리되기를 원한다면, 자연은 자신이 얼마나 대단한 끈기와 지력을 가진 생명체를 만들었는지 깨닫게 될 것이다. 그리고 인간이 자연과 결별할 수 있는 유일한 방법은 영원히 지구를 떠나는 길밖에 없다. 이러한 꿈에 대해서는 추후 더 논해 보겠다.

누군가 이러한 결합의 존속에 대해 이의를 제기하고 싶다고 해도 모든 의심을 떨쳐버려야 한다. 이미 인간의 의지와 지질학적 과정이 섞이는 지구역사학의 새로운 단계가 도래했기 때문이다. 우리가 이를 인식할 수 있다는 사실은 우리와 우리의 세계를 만드는 능력이 더욱 깊게 전체에 관여하고 있음을 보여준다. 만약 인간이 자연의 적법성을 부분적으로 벗어나 세계를 만드는 경향으로 인해 '비자연적인' 생물이라고 해도, 전체는 비자연적인 것과 자연적인 것을 모두 망라해 하나로 통합해야 한다. 오늘날처럼 자연의 힘과 제멋대로인 인간의 힘 사이에 커다란 투쟁이 있다 해도 말이다. 이제 자연은 이러한 투쟁에서 점점 더 예민하게 반응하고 있다.

인류세는 철학의 중심을 사유보다는 경험의 세계, 감각적인 세계로 되돌려놓는다. 물질적인 토대 위에서 세계를 만들고, 분투하고, 무관심과 관심이 공존하고, 자연의 한계가 있는 세계에 관한 철학으로 돌아온 것이다. 이는 분석적인 정신의 추상적 규칙 대신 실제 삶의 흐름에 몰두하는 철학이다. 그것은 지식의 문제를 논하기 전에 존재의 문제와 자연의 문제를 우선시함을 뜻한다. 인식에 관한 철학에서 자연은 부차적인 것이 되었다. 브루스 매튜스(Bruce Mattews)의 말을 빌리자면 "자연의 소멸"을 대가로 "인간 주체의 오만한 신격화로 이어지는 코기토(cogito, ergo sum, 즉 '나는 생각한다. 그러므로 존재한다'라는 철학의 원리—옮긴이), 즉 자아의 지적 작용을 더욱 과장"하게 했다.[7] 오늘날 정제된 주관성을 포름알데히드에 보존하고 있는 주류 윤리학이 인류세에 대해 할 말이 없는 것도 전혀 놀랄 일이 아니다.

셸링은 1800년경에 주관주의의 등장과 그로 인해 파생된 생각하는 주체와 자연의 분리가 자연 파괴에 대한 이론적인 정당성을 제공한다고 주장한 최초의 사람일 것이다. 그러나 그의 주장이 전체 이야기를 아우른다고는 할 수 없다. 실제로 근대가 자연과 멀어진 것을 부인할 수는 없다. 그 시대가 취한 형식에 의문을 제기할 뿐이다. 성년의 단계에 도달한 세상에서 극복해야 하는 것은 자연과의 **분리**가 아니다. 오히려 자연과의 분리가 완전한 단절을 뜻한다는 확신에서 비롯된, 인간이 자행한 자연에 대한 폭력이 극복해야 할 문제다. 주관주의의 등장이 자연이 실제로 파괴되는 **가능성**을 열었다고 말하는 편이 낫겠지만, 또 한편으로는 그에 반대하는 힘도 생겨났다. 산업주의의 약탈행위에 대한 반대가 처음부터 존재했고, 철학이자 의식의 방식으로서 주관주의는 그 자체로 여러 유형의 근대 정치를 낳았다. 여기에는 주관주의의 지배적 형태에 도전하는 정치도 포함되어 있었다. 의식의 방식이 근대 이전으로 돌아가는 것이 가능하지도 바람직하지도 않다면, 자연과 맞물린 주체에서 나오는 새로운 인간중심주의가 미래에 대응하기 위한 유일한 방법이다.

따라서 인류가 성년에 이르렀을 때 우리에게는 **선택**의 여지가 있었다. 우리는 강력해진 우리의 행위성을 어떻게 사용할지 결정할 수 있었다. 좋은 쪽이든 나쁜 쪽이든, 자유의 역량은 과학산업혁명 과정에서 인간의 창의성을 발산함으로써 막대하게 증가했다. 이뿐만 아니라 인류가 성년에 이른 단계가 우연한 사건이나 혹은 몇몇 대담한 사람들에 의해 촉발된 사건이 아니라고 생각한다. 수천 년 동안 순조롭게 진행된 과정의 거침없는 진화도 아니다. 인류가 성년의 단계에 이른 것은 자연 전체에 잠재해 있던 행위성이 출현했기 때문이다. 신이 물러가고 환상이 깨진 세상에 홀로 남은 인간이 '지구를 물려받는' 권리를 얻을 기회를 가졌다. 인간에게 행위성이 집중된 것에 아무 의미가 없는 것이 아니다. 지구를 변화시키는 힘을 가진 자유로 인해 우리는 어떻게 하면 지구를 파괴하지 않고 번영할 수 있을지 결정해야 하는 위치에 놓이게 되었다.

인류의 창조력은 지구의 생명을 풍요롭게 하는 잠재력을 **강화**하고 인간이 살아가는 조건을 개선하는 데 사용될 가능성을 포함하고 있다. 따라서 자연에도 인간과 지구가 상호 조화를 이루며 향상될 수 있는 가능성이 포함되어 있다. 일각에서는 목적론보다는 목적론적 법칙을 언급하면서, 인류가 출현했을 때 지구는 문화적·지적·도덕적 힘의 함양 같은 비범한 가능성을 드러내며 지구를 드높일 수 있는 존재를 탄생시켰다고 말한다. 자연에 대해 깊게 사색하고 새로운 방식으로 자연을 이해할 뿐 아니라 자연을 변화시킬 수도 있는 가장 정교한 존재를 만들어냈다는 주장이다.

인간의 행위성은 자유를 위한 자유, 힘을 위한 힘이 아니다. 인간의 안녕과 물질적 성장만을 위한 수단에 그치는 것이 아니다. 행위성은 그것보다 훨씬 더 크다. 왜냐하면 순전히 인간이 중심이 되는 모든 열망을 넘어서 행성과 우리의 관계를 배양하며 양쪽 모두를 지속적으로 이롭게 해야 하기 때문이다. 사실 인간이 선을 추구하는 행위를 자연과 떨어뜨려 생각하는 것은 무의미하다. 책임감을 갖고 지구와의 관계를 가꿔 나간다는 개념은 어느 정도 풍요와 평화를 이루고 나면 모든 사회에 편만해지는 허무주의란 용을 물리치는 데 도움이 된다. 인간에게 스스로의 목적을 성할 자유가 있고, 스스로 복적을 정한다고 한다면, 목적을 이루었을 때는 또 다른 목적을 이루고자 하는 열망 외에는 아무것도 남지 않는다. 지구를 돌보는 의무는 신중한 목표일 뿐 아니라 **의미 있는** 목표다. 그러므로 문제는 자유가 인간의 공익을 증진시키는 데 사용되는 것만이 아니다. 인간이 설정하는 목적에 자연에 대한 보호와 자연세계의 생명유지 능력을 강화하기 위한 노력도 포함시킬 것인지 여부가 중요하다. 다시 말해 인간의 발전에 관한 문제가 중심이 되는 역사를 지양하는 것이다. 이제 우리는 지금껏 더 위대한 꿈들을 위태롭게 한 원인이 인간들 간의 갈등이 아님을 깨닫고 있다. 결정적인 원인은 다름 아닌 자연과의 갈등이었다.

책 임 만 으 로 는 충 분 하 지 않 다

우리 인간들은 책임을 회피하는 데 능숙하다. 지표면에 닿는 태양 복사열의 양을 감소시킬 목적으로 대기에 황산염 에어로졸을 분사해 지구의 온도를 낮추자는 제안은 다른 모든 기술을 단숨에 압도하는 기술적 해결책이다. 지속적인 온실가스 배출로 인해 요구되는 불편한 '사회적 해결책'을 회피할 수 있는 대대적인 기술적 개입인 것이다. 기술적 해결책만 있으면, 세계 최대 기업들의 자산가치를 낮추거나, 소비자들에게 습관을 바꾸도록 요구하거나, 누구도 반기지 않는 세금을 휘발유와 석탄에 부과할 필요가 없다. 이러한 태양지구공학 기술에는 지배적인 정치·경제 체제를 보호하겠다는 암묵적 약속이 담겨 있다. 이것이 바로 수년 동안 기후과학에 대해 대중을 기만하고 있다고 공격해 온 보

229

수적인 미국의 두뇌집단들이 지구온난화의 유망한 대응으로서 지구공학을 지지해 온 이유다.[8] 지구공학은 현 체제를 보호할 뿐 아니라 환경운동가들의 비판에 맞서 체제의 정당성을 입증한다. 기후변화처럼 심각한 문제조차 인간의 창의성과 뭐든 할 수 있다는 태도에 의해 해결될 수 있음을 증명할 것이기 때문이다. 최소한 지구공학이 실제로 효과가 있다면 그럴 수 있을지도 모르겠다. 과연 지구 시스템이 기후 시스템을 통제하려는 개입에 협력할 것인지, 그리고 인간의 필요에 맞게 지구 시스템을 조절하는 것이 가능할지 의심하는 것은 지구 시스템 과학에서 근거가 충분한 의심이다.

태양지구공학은 공상 속에서 있을 법한 이야기가 아니다. 황산염을 가득 실은 비행기들이 앞으로 몇 년 안에 실용화될 수 있다. 구세주 역할을 할 또 다른 야심찬 기술도 수십 년 후 나타날 전망이다. 생태계 혼란에서 탈출해 우주로 도피하는 계획이 현재 진행 중이다. 2014년, 〈타임스〉(*Times*)에는 다음과 같은 글이 실렸다.

영국의 과학자들과 건축가들은 항성 간을 오가는 '살아 있는 우주선'에 대한 계획을 진행 중에 있다. 노아의 방주에 비견되는 이 우주선은 100년 후 죽어가는 지구에서 인간들을 탈출시키기 위해 발사될 전망이다.[9]

이 계획은 페르세포네 프로젝트(Project Persephone)로 알려져 있다(그리스 신화에서 죽은 자들의 여왕이 된 페르세포네의 이름을 딴 것이 의아하다). 이 계획의 웹사이트는 "원형 엑소비바리아(exovivaria, 라틴어로 외계를 뜻하는 'exo'와 자연의 서식 상태를 모방한 동식물 사육장을 뜻하는 'vivarium'의 복수형인 'vivaria'의 합성어—옮긴이), 즉 위성 장치 내부에 폐쇄된 생태계를 건설하는 것이 목표라고 발표한다. 이곳은 지구를 잇는 생태계로서 국제 사회가 무선제어를 통해 민주적으로 통치한다."[10] 미국 항공우주국(NASA)과 미국 국방부의 첨단 기술 기관인 방위고등연구계획국(DARPA) 또한 태양계 너머로 인간들의 다세대 공동체를 이주시킬 목적의 '세계함'(worldship)을 개발하고 있다.

폴 틸리히(Paul Tillich)는 한때 일부 사람들을 매료시킨 우주여행에 대해 언급했다. 최초의 우주 비행은 인간 존재의 새로운 이상을 상징했다. "천국에서가 아니라 지구 위 우주에서 지구를 내려다보는 인간의 이미지였다."[11] 페르세포네 프로젝트의 아바타들은 꿈을 크게 가질지 몰라도, 〈데일리 메일〉(the Daily Mail)의 독자라면 꿈에서 깨어나 현실로 돌아오고 만다. "오직 '엘리트'만이 갈 것이다. 우리 중 남은 이들은 죽게 내버려둘 것이다."

어쩌면 고향 행성에서 죽게 되는 운명이 더 나을지도 모른다. 이러한 '엑소비바리움', 즉 외계 사육장에서 갇혀 지낸다고 상상해 보라. 수출된 자연이 인간 생존의 수단이 되는 자급자족의 세계, 밤낮도 계절도 없고, 산과 시내와 바다도 없고, 벌레나 쐐기

꼬리독수리도 없고, 얼음도 폭풍도 바람도 하늘도 태양도 없는 세계를 상상해 보라. 그곳은 거주자들이 지구의 전형적인 삶의 방식을 모방해 생존하고자 애쓰는 폐쇄적인 세계가 될 것이다. 어떤 유형의 사람들이 그런 세상에 살 것이라 상상하는가? 수십 년이 지난 후 어떤 류의 존재가 이러한 포스트지구의 영역을 만들고 있을까? 그곳에서는 어떤 아이들이 양육될까?

페르세쪼네 프로젝트에 참여하는 사회학자 스티브 풀러 (Steve Fuller)는 이렇게 말한다. "지구가 기후변화나 핵전쟁, 생물전으로 인해 **인간에게 쓸모없는 지대**가 될 경우를 대비해, 우리는 인간 문명을 보존해야 한다."¹² 그런데 왜 우리가 인간 문명을 보존해야 한단 말인가? 인간이 더 높은 수준의 정교한 지성과 도덕적 책임감을 키우지 못한다면, 그러한 문명의 가치는 얼마나 될까? 문명을 태동시킨 자연 조건을 지켜내지 못한다면, 그 문명은 얼마나 가치가 있을까? 폐허가 된 지구를 떠나 우주로 도피하는 인간들이 옮겨가는 문명은 타락한 문명일 것이다.

인류세에 대한 책임을 회피하지 않고자 한다면, 우리는 정의와 윤리의 전통에서 어떤 지침을 끌어낼 수 있을까? 우리가 한 발 물러서서 인위적 요인에 의한 기후변화와 대량멸종을 야기한 한 시대를 마감시킨 힘을 조사한다고 할 때, 기존의 윤리적 범주와 법적 원리들은 진부하고 미약해 보인다. 인간의 영향력이 대단히 강력해서 지구가 자연적인 지질학적 경로에서 벗어났다고 한다면, 이런 현상을 '비윤리적' 또는 '불법적'이라고 묘사하는 것은 범주의 오류처럼 보인다. 형법전은 재산과 개인에 대한 위법 행위를 금지한다. 형법의 일부는 반인륜 범죄에 대한 처벌을 성문화하고 있다. 하지만 자연의 법칙을 전복시킨 범죄에 대한 처벌은 법전의 어디에서 찾는단 말인가? 지질시대를 끝내버린 것에 대해 법원은 어떤 처벌을 내릴 것인가?

이런 행위들이 불법이 아니라면, 이는 분명 비윤리적 행위에 해당된다. 그러나 지배적인 윤리 이론이 주장하듯이, 인간의 행복을 극대화하는 방법에 대한 착오나 칸트철학의 황금률에 따라 행동하지 못한 결과로 간주하는 것은 우리가 저지른 행위의 중대성을 사소하게 만들어버린다. 여행 경비를 과장해서 보고한 것이 잘못된 것인지 말해 주는 윤리적 틀을 적용해 지구의 지질학적 역사를 변화시킨 인간의 행위가 얼마나 잘못된 것인지 파악할 수는 없는 것이다. 단순히 윤리 문제로 치부하려는 시도는 유례가 없는 사건을 일반적인 사건으로 간주해 실상은 경천동지할 전환을 평범한 변화로 생각하게 할 위험이 있다.

죽어가는 지구에서 도망가길 꿈꾸는 사람들에게 내재된 도덕적 태도를 비롯해 기존의 윤리구조를 인류세에 적용하기 전에, 우리는 보다 더 근본적인 문제를 해결해야 한다. 어떤 존재가 지구의 기능에 개입했고, 이러한 사실들이 밝혀졌는데도 기존의 행위를 그만두지 않으려고 하는가? 어떤 존재가 법과 윤리 강령을 만들었을까? 그리고 이제는 누가 기술적 힘을 발휘해 우주로 도피하거나 혹은 태양지구공학 기술을 통해 지구를 진압하려는 계획을 세우고 있을까? 우리는 누구이며, 우리에게 주어진 책임의 본질은 무엇인가? 인간의 자유가 자연 전체의 구조에 엮여 있음을 이해할 때, 그리고 자유와 자연에 대한 지배력에 집착하면서 어떻게 이러한 진실을 잊었는지 이해할 때, 우리는 비로소 이런 의문에 대한 답에 다가갈 것이다. 인간과 자연이 공존할 수 있으며 서로 맞물려 있다는 사실을 받아들이는 행위자가 윤리 이전에 느끼는 깊은 책임감을 통해서만 해답을 찾을 수 있을 것이다. 이런 책임감은 개인이나 (책임을 다른 국가에게 떠넘기는 성향이 있는) 국가의 시민에게 속한 것이 아니다. 지구라는 행성에서 고유하고 특별한 지위를 갖는 인류에게 따라오는, 피할 수 없는 책임을 느끼는 인간에게 속해 있다. 그리하여 신의 죽음 이후, 지구 본연의 상태에 대한 존중은 오직 자유라는 선물에 대한 감사와 자유의 사용에 깃든 위험에 대한 예리한 인식에서 피어날 수 있다. 이러한 방향성은 (기존의 모든 윤리에서처럼) 타인에 대한 의무에서, 그렇다고 자유의 영역에서 발생하는 것도 아니다. 자연 전체에서 출현하는 자유에 대한 이해에서 일어나는 것이다.

철학자들에게 악은 항상 스스로 만든 상호주관적 세계에서 살아가는 인간들 사이의 관계에서 비롯된다. 따라서 악은 인간이 서로에게 하는 행동의 영역에 속한다. 이런 관점에서 보면, 세상에 선과 악이 가능한 것은 인간이 자연적 존재가 아니기 때문이다. 자연의 힘은 말할 것도 없고, 동물 또한 악으로 묘사될 수 없다. 이는 오늘날 아주 평범한 사실이지만 포스트르네상스 시대의 세계에 정립된 사실이다. 악은 상호주체적인 영역 내에서 성립된다. 반면 인간이 자연환경에서 활동하고 있다면, 인간의 행동은 선과 악의 척도가 아니라 **관심과 무관심**의 척도에 따라 판단되어야 한다. 인간이 지구와 독자적인 관계를 맺었을 때, 우리는 관심의 길과 무관심의 길 사이에서 **선택**하게 되었다.

칸트의 뛰어난 통찰력에 따르면, 계몽된 인간의 자유는 스스로 정한 도덕률의 제약 내에서 행사되어야 한다. 그러나 그가 염두에 둔 도덕률은 인간이 서로를 대하는 방식에 한정된 것이었다. 근대 시대에 자유가 인간관계 내에서만 이해되었다고 한다면, 인류세에 진입함에 따라 무엇보다 지구와의 관계 내에서 자유를 이해해야 한다. 삶의 조건에 나타나는 위협은 우리의 행위성이 표현된 것이다. 인류세에 파국을 막을 수 있는 길이 있다면, 인간이 자신의 행위성을 이해하고 표현하는 방식에 근본적인 변화가 일어나야만 할 것이다.

자유는 언제나 창조할 뿐 아니라 파괴하는 자유이기도 하고, 또한 창조하면서 파괴할 수 있는 자유다. 인간이 구축한 세계는 자연의 과정에 수반되는 제약들과 어느 정도 조화를 이룰 수 있다. 그리하여 우리가 자연에 관심을 기울일 자유가 있다면, 또한 우리에게는 자연을 무시하고, 약탈하고, 학대하고, 파괴할 자유도 있다. 무관심이 인간에게만 해당되는 이유는 우리에게 자주성이 주어졌기 때문이다. 인간이 아닌 다른 어떤 존재에게도 행성의 파괴에 대한 책임을 물을 수는 없다. 따라서 우리의 운명에는 하나의 가능성으로서 그리고 지금은 하나의 실재로서 자연에 엮여 있는 무언가가 존재하는 것이 틀림없다. 그리고 우리의 운명에 담긴 그 무언가가 창조할 것인지 파괴할 것인지 결정할 자유를 준다.

인류세에 진입하면서 인간이 자연계에 끼친 광범위하고 무수한 피해와 그로 인한 영향, 이를테면 기후교란이나 생물멸종, 그리고 대양과 대지, 대기의 오염에 대해 충분히 숙지하고 있으면서 단순히 무관심한 태도를 견지하는 것은 부적절해 보인다. 무관심에서 오는 '부주의한 무시'와는 대조적으로, 지구 시스템의 불안정한 상태에 대한 무수히 많은 증거가 있는데도 의도적으로 대응하지 않는 것은 **고의적 무시**라 하겠다. 이런 무시는 무모하고 방종하기까지 하다. 특히 고의적이라고 칭하는 것은 문제의 규모는 물론 그로 인해 일어날 결과가 다 밝혀졌는데도 대응하지 않기 때문이다. 완벽하지는 않지만 물리적 세계가 어떻게 작동하는지 놀랄 정도로 자세히 파악하는 데 도움을 주는 이러한 지식이 과학적 이해의 선물인데도 우리는 이를 무시한다. 고의적인 무관심은 이 선물을 오용하는 것이다. 과학적 이해마저 우리의 욕망에 종속시키기 때문이다.

방종에 가까운 이런 자유는 근대 후기의 전형적 특징이다. 악이 그 자체로 사회적 세계에서 자유를 표현하는 하나의 방법으로 선언되는 것처럼(문학에서 등장한 사례는《죄와 벌》의 주인공 라스콜니

코프), 자연세계에 대한 고의적인 무시는 자유를 표현하는 극단적인 방식이다(이와 관련된 사례는 현실에서는 찾을 수 있지만 문학에는 아직 등장하지 않았다). 이런 형태의 자유를 성취하기 위해서는 그 어떤 책임도 지지 않고 자율성을 즐겨야 한다. 관심이나 무관심 중 어느 한쪽에 치우친 선호는 도덕성을 넘어선다. 이는 자연세계에 동조하거나 부정하는 지향성을 나타낸다. 따라서 나는 다른 종류의 윤리가 아니라 지구에 대한 다른 종류의 지향성, 즉 우리의 뛰어난 능력과 고유한 책임을 깊게 이해하는 성향을 요구하는 것이다.

고의적 무시가 인간의 본질에서 벗어난 일탈로 간주되어서는 안 된다. 사실은 우리의 진정한 존재를 **확인**해 준다. 우리가 파괴적인 충동에 의해 저주를 받았다는 뜻이 아니다. 우리의 행위성이 허용한 선택들이 근대 후기의 조건들이 정점에 이른 상태에서 설계된 인류 프로젝트의 본질을 드러내고 있기 때문이다. 인간이 창조한 것을 어떻게 돌볼 것인지 선택하는 데 있어 인간에게 주어진 열린 가능성은 대단히 중대한 존재론적 사건이었다. 우리가 무시의 길을 택했다면, 돌보거나 무시할 자유는 인간 존재와 불가분의 관계에 있음을 확인하는 것이다. 세계를 만들어가는 동시에 어떻게 자연의 한계에 머물며 자연의 리듬을 따를 것인지는 인류에게 최대의 난제다.

인류가 성년의 단계에 도달한다고 해서, 즉 세계에 대한 과학적 이해를 수용하고 자연을 변형하는 기술력을 개발하는 단계에 이른다고 해서, 그 엄청난 힘을 무분별하게 발전시키고 사용해 위험한 지질시대에 진입하는 것이 필연적인 현상은 아니었다. 제임스 와트(James Watt)의 증기엔진 발명에서 제2차 세계대전 이후 거대한 가속도의 시대에 이르면서 온실가스 배출량이 증가한 현상 또한 인간이 새로 발견한 자유를 사용해 선택할 수 있는 유일한 길은 아니었다. 그 안에 내재된 위험을 충분히 숙지하고 있으면서도 인간은 발전의 속도를 늦추지 않은 것이다.

기술 산업주의와 자본주의 구조는 강력한 내적 추진력을 가지고 있지만, 모든 발전 단계마다 규제를 요구하는 사람들이 있었다. 낭만주의 시인들의 한탄에서 19세기 초 자연철학에 이르기까지, 《월든》에서 전면적 생태보호운동에 이르기까지, 또한 로마클럽에서 현대의 기후 관련 행동주의에 이르기까지 저항의 목소리는 언제나 들을 수 있었다. 때때로 그들은 정부가 개입하도록 압력을 가할 만큼 크게 목소리를 높였다. 1987년, 세계 각국은 지속 가능한 개발에 관한 브룬트란트 보고서(Brundtland Report)를 지지했다. 1992년, 기후변화에 대한 기본 협약은 전 세계가 적어도 원칙적으로는 위험한 기후변화를 막기 위한 조치를 채택하도록 이끌었다. 2015년, 전 세계 지도자들은 지구온난화를 막기 위한 자국의 약속을 재확인하기 위해 파리에 모였다. 환경운동가들도 캠페인을 벌이기 위해 모였다. 그들의 투쟁이 전반적으로 성공하고 있는 것은 아니지만 일부는 몇몇 전투에서 승리했다. 그들의 노력은 매 단계마다 거침없이 팽창하려는 힘들에 의해 저지되었다. 가령 탄소배출량을 줄이자는 제안은 경제 성장이 보장되어야 한다는 명분에 의해 뒤로 밀려났다. 지구를 구하는 것보다 경제 성장이 둔화되는 것이 더 걱정인 세계를 구하는 것이 과연 가치가 있는 일인지 반문하지 않을 수 없다.

산업화를 지향하는 탄소 집약적 방식이 불가피했다는 견해가 있기도 하다. 근대화 초기에 공장을 돌리는 유일한 동력원은 화석에너지밖에 없었기 때문이다. 사실 강력한 논쟁거리이기는 하나, 20세기에 세계를 화석에너지로부터 벗어나게 하는, 상업적이고 정치적인 결정들이 이뤄질 뻔했던 순간도 있었다. 그러나 화석에너지가 초래하는 심각한 결과를 인지하고 있는 지금 이 순간에도 탄소 집약적인 에너지원을 선호하는 결정이 이루어지고 있다.

캐나다의 타르 모래와 같은 탄소 오염의 새로운 원천과 함께 방대한 규모의 새로운 탄전이 개발되고 있다. 조지 미첼(George Mitchell)은 지난 20년 동안 천연가스와 석유를 추출할 수 있는 새로운 유전을 찾아내면 세계가 계속 지금처럼 작동할 거라 확신하면서 수압파쇄공법을 집요하게 추구했다. 운과 끈기가 없었다면 그의 무모한 도전은 쉽게 실패했을 것이다. 하지만 결국 그의 시도는 북미, 유럽, 오스트레일리아, 그 외의 나라에서도 새로운 화석연료 시추기술이 각광받고 있음을 증명했다. 이러한 방식을 통해 앞으로 수십 년간 화석연료의 사용을 연장할 수 있을 것이다. 진보를 중단시킬 수 없다는 것이 사실일지도 모르겠다. 하지만 진보의 방식에는 항상 논란의 여지가 있었고 변화에 열려 있었다.

책임이 행동할 자유와 행동할 수 있는 힘을 모두 요구한다면, 이는 또한 원칙에 따라 행동할 성향까지 필요로 한다. 여기에는 바로 알아차릴 수 있는 딜레마가 존재한다. 유럽인은 성년의 단계에 도달하기 진에 도덕적 지침의 일환으로 신에게 의탁했다. 혹은 적어도 신의 가르침과 신의 말씀을 해석하는 이들에게 의존했다. '신의 죽음'이 유럽인들에게 행동할 자유를 주고, 과학과 산업이 그들에게 힘을 부여했다고 치자. 그러면 그들은 어디에서 책임감 있게 행동할 원칙과 **동기**를 찾아낼 수 있을까?

칸트는 우리가 성년의 단계에 이르고 난 후 어떻게 하면 이성 자체가 우리에게 일련의 의무를 부여하는지 설명하는 데 전념했다. 그러나 비모순율법칙(하나의 명제를 긍정하면서 동시에 부정하는 것은 불가능하다는 논리학의 법칙 중 하나−옮긴이)에서 도덕성에 대한 추구는 항상 좌절되었다. 그의 이론이 도덕성에 대한 이유를 뒷받침할 수는 있으나 지구에 대한 관심은 고사하고 사회적 관심에 따라 행동하는 **동기**에 대해서는 설명할 수 없었다. 공리주의자의 사익 추구에 대한 찬미는 책임을 등한시했다. 오늘날 글로벌 시장에 대한 지적 정당화는 재앙으로 판명되었다. 공리주의에 입각해 사고하는 경제학자들에게 탄소 배출로 인해 지구 시스템에 일어나는 천 년 단위의 불안정한 상태는 '외부 효과'(externality)로 변모된다. 유감스럽게도 시장의 경계 밖에서 부정적인 효과를 일으켰지만 생산자와 소비자의 공리를 최대화하는 계산에 따라 어쩔 수 없는 선택으로 간주되는 것이다. 〈스턴리뷰〉(*Stern Review*)에 실린 기후변화의 경제학에 관한 불후의 글에 따르면, 기후변화는 "세계가 경험한 가장 막대한 시장의 실패"다. 따뜻한 마음을 가진 인간이 과연 이러한 계산법에 따라 행동할지는 미지수다.

디트리히 본회퍼(Dietrich Bonhoeffer)는 1940년대에 발표한 글에서 "계몽되고 바쁘고 안락하고 음탕한 인간의 천박하고 진부한 세속성"에 대해 경고하며, 의무를 회피하지 않는 기독교의 도덕적 진지함을 설파했다. 그러나 산상수훈의 덕행에 관한 설교에 해당하는 그의 기독교적 윤리는 세속화를 극복할 만큼 강력하지 못했다. 이와 유사하게 자연에 대한 사랑을 호소하는 프란치스코 교황의 발언은 그 자체로 환영받지만 이제는 오래전에 사라진 시대에 머물러 있고, 소수만이 인정하는 권위에 속해 있다.

수십 년 동안 평등과 인간의 존엄성에 대한 사회민주주의의 추구는 기독교의 도덕적 유산에 의지해 살아남았지만, 1970년대에 이르러 더 이상 힘을 발휘하지 못하고 신자유주의적 개인주의에 압도되고 말았다. 사회민주주의 사상가들은 지구의 위기를 극복하는 방법을 사회 속에서만 찾아 헤매다가 막다른 골목에 다다르게 되었다.[13] 미온적인 환경보호주의는 공동의 의무가 사라진 공허함을 채우고자 노력했지만 두 가지 동기, 즉 계몽의 시대에 눈을 뜬 사익 추구와 자연에 대한 사랑을 동시에 추구함으로써 호소력은 감소되고, 성공 또한 제한적이었다. 한편 극단적인 환경보호주의 철학의 생태중심주의는 인간의 고유성과 주관성에 대한 핵심적인 사실을 금기시하는 것처럼 보인다.

따라서 나는 우리가 가장 어려운 진실과 마주해야 한다고 생각한다. 우리는 인류세에서 의지할 수 있는 윤리적 자원을 가지고 있지 않다. 비유적으로 말하자면 찬장이 텅 비어 있다. '책임감'에 대한 호소는 그 가치에도 불구하고 그 어떤 무게도 존재론적 실체도 가지고 있지 않다. 과거 유럽인이 하느님을 두려워하고 사랑하고 진실로 **믿음**을 가질 수 있었다면, 이제 우리는 가이아를 두려워할 수 있을 뿐이다. 그러나 가이아는 구세주가 아니다. 이제는 자기보존이라는 유일한 동기가 남아 있지만 너무도 약해 보이는 부정적인 동기다. 만약 이를 뛰어넘어 새로운 동기를 찾아낸다면, 우리는 지구라는 행성에서 인류의 지대한 중요성에 뿌리를 둔, 새로운 우주론적 감각을 통해 인도되는 존재가 될 수 있을지 모른다.

그렇다면 우리는 이제 무엇을 해야 할까? 새로운 윤리는 종이 위의 단어들을 통해 마법처럼 나타날 수 없지만, 인간이란 존재가 이상하고 낯선 무언가가 되었다는 깨달음에 이를 수는 있다. 인간은 두 지질시대 사이의 이행기에 서 있는 존재가 된 것이다. 과거의 지질시대는 인류가 번영할 수 있도록 자연이 많은 것을 제공한 시대였다. 인류가 자초해 새롭게 진입하게 된 시대는 문명을 무효화할 위험이 깃들어 있다. 오늘날 우주에 자주 출몰하는 문제는 인간의 자유의지를 허용한 것이 '자연'이 저지른 엄청난 실수였는지 아닌지 여부다. 인류세의 도래는 행성의 역사에서 근대성이 치러야 하는 시험이 극단적인 수준까지 올라가게 된 순간을 의미한다. 우리는 기존의 수단들, 즉 더욱 정교하게 발달한 기술, 자연에 대한 더 많은 갈취, 더 강도 높은 허무주의를 집요하게 밀어붙이는 결정을 내려야만 하는 것일까? 두말할 필요도 없이 이런 태도는 인간의 창의성과 의지에서 구축된 현재의 확대 버전으로 미래를 상상할 수밖에 없는 사람들에게도 부정의 방식이며 의도적으로 무모한 길을 택하는 것이다. 비록 이런 미래를 실현하는 것이 불가능하다고 알려져 있어도 그렇게 느낄 것이다. 아니면 또 다른 미래를 구체화할 수 있는 새로운 인류, 미래에도 지구 시스템이 지속될 수 있는 선에서 스스로의 활동범위를 허용하고 기꺼이 종말론적으로 사유하는 인류가 등장할 것인가? 다시 말해 시련과 투쟁의 시대에서 기술 산업적 방식에만 치우친 세계의 종말에 대해 생각하는 인류가 등장할 것인가? 계몽주의가 모든 어둠을 몰아내지 못했으며 우리를 찾아온 밤을 헤쳐 나가기에는 이성의 등불이 너무나 희미하게 빛나고 있음을 받아들이는 인류가 과연 등장할 것인지, 자못 궁금해진다.

유 토 피 아 없 이 살 아 가 기

이 책을 어떻게 끝내면 좋을까? 나도 잘 모르겠다. 너무 어렵고, 불확실하고, 새롭기까지 하다. 그래서 독자들의 더 좋은 생각을 이끌어내는 데 도움이 될 거란 희망에서 마지막으로 떠오르는 단상을 정리하려 한다.

인류세의 도래는 인류가 점점 더 높은 수준의 물질적·사회적·영적인 발달로 나아가는 미리 정해진 영속된 흐름을 예견한 모든 서사, 철학, 신학과 대치된다. 인류의 압도적인 승리에 관한 이야기들은 그 자체만으로는 압도적이었다. 헤겔, 마르크스, 테야르, 매슬로(Abraham Maslow)의 '의식의 단계'에 대한 형이상학적 스키마(schema)에서, 종국에는 신적인 영역이나 '초통합적'(superintegral) 단계까지 나아간다. 그리고 당연히 이들의

DNA는 그들의 사생아에 비견되는 근대의 성장주의에서도 발견된다.

암흑시대 이후 빛의 시대에서만 세상을 보며 살아가는 이들은 프란치스코 교황의 비유를 인용하자면, "지구의 울부짖는 소리"에 귀 기울이지 않는다. 이는 모든 근대적인 것에 적용되는 사실이 아닐까? 중세의 '암흑기'를 지나 과학, 이성, 근대성, 사회적 진보로 상징되는 빛의 시대로 넘어오면서 우리는 '종말'에 대한 불안에서 벗어났다. 우리는 더 이상 퇴보할 가능성, 암흑시대로 돌아갈 가능성을 허용할 수 없다. 오직 빛만이 미래로 가는 길을 밝혀줄 거라 믿는 것이다.

구원이 초월적 영역에 있다고 믿는 사람들과 초월적 요소들이 이 세계에 내재되어 있기를 바라는 사람들이 있다. 근대의 정치운동은 종교에서 물려받은 구조(초월적인 것이 어디에나 편재하는 구조)를 가졌다. 이런 운동들이 오늘날에는 진부한 주장처럼 들릴지 모른다. 하지만 과학적 사실은 초월의 영역이 환상에 지나지 않음을 증명했고, 이로 인해 세속화가 뿌리를 내렸다. 세속화 같은 더욱 타당해 보이지 않는 신념에 반박하는 역할을 근대의 정치운동이 하게 되었다. 20세기는 지구상에서 유토피아를 약속하는 이념의 세기였다. 제각각 인간 세계에서 본질적인 결함들, 이를테면 특정 집단에 대한 탄압, 불충분한 경제 발전, 국가별 역사적 불만, 사악한 세력의 음모를 발견했고, 각자 그 문제에 대한 처방까지 찾아냈다. 그러나 대체로 지구는 세속적인 세계와 초월적인 세계에 국한된 '존재의 질서' 안에 조용히 포섭되어 있었다. 초월적인 것이 신의 영역에 남아 있든 일상 속에 내재되어 있든 간에 말이다. 그러나 인류세에서 존재의 질서—인간이 천국으로 가는 길 같은 종교적인 면과 인간이 속세의 유토피아를 얻으려고 노력하는 면 모두—는 교란되고 있다. 제3의 활발한 요소, 다름 아닌 지구가 끼어들었기 때문이다.

유토피아에 대한 열망이 홀로세에 속한다고 치자. 그러면 우리가 더 이상 빛을 믿지 않는다는 것은 무엇을 의미할까? 이는 우리가 어둠 속에서 살아야 한다는 뜻은 아니다. 우리는 위험이 감도는 새로운 분위기에서 모든 것을 다 알 수는 없는 흐릿한 빛 속에서 살아야만 하리라. 브뤼노 라투르가 말한 것처럼 어디에나 편재하는 초월성에 의탁하는 것이 아니라 세계 내에 실제로 존재하는 내재성에 따라 이 세계에서 살아야 함을 의미한다. 물론 이는 매우 어려운 일이다. 우리는 밀려드는 의심에 맞서 인간의 존재를 지켜내기 위해 기술, 생산, 진보, 자기결정력 같은 힘들로 무장했기 때문이다. 급변하는 지구에서 의심하며 사는 법을 배우려면 수 세대가 걸릴 것이다.

"누가 우리의 피를 닦아줄 것인가?" 니체의 광인은 이렇게 외쳤다. 그러나 범죄는 없었을 것이다. 신들은 죽지 않았고 다만 물러나서 우리가 미래를 창조할 기회를 남겼다. 신들이 물러나면서 인간이 지구상에서 새로운 무엇, 희망이 새겨진 새로운 세계를 건설할 수 있는 전망을 열었다. 인간은 상상할 수도 없었던 기회를 포착했다. 하지만 그에 대한 대가로 이 행성에서 생명이 살아가는 조건을 위태롭게 했다. 인류세에 진입한 이번 세기를 곰곰이 응시해 봐도 우리의 운명을 알 수는 없다. 인간의 운명은 지평선 위에 놓여 있다. 어쩌면 그곳에 새로운 신들이 기다리고 있을지 모른다. 그 낯선 신들이 세운 인간에 대한 계획을 우리는 그저 추측할 수밖에 없다.

발전을 이룬 후, 이제 우주의 섭리가 다시 찾아오고 있다. 우주 안에서 인간 존재에 일어날 수 있는 만일의 사태에 대해 경종을 울리는 것이다. 먼 훗날 일어날 수 있는 이런 예기치 않은 사건은 애당초 지구 시스템에서 비롯된 것이다. 하나의 단일체로서 지구 시스템이 보여주는 작용은 아주 강력한 힘들의 위태로운 균형을 반영하고 있어 정확히 설명하는 것이 쉽지 않다. 그러다 보니 이와 관련된 연구에 정통한 과학자들조차 지구 시스템과 관련된 상황을 포착하기 위해 적절한 비유를 찾아내고자 애쓰는 실정이다.

유토피아에 대한 꿈들이 사라지고 나서 우리는 어떻게 이런 종류의 예기치 않은 사건과 위협에 대응하게 될까? 우리에게는 참고할 수 있는 전례가 없다. 우리 대다수는 신의 섭리에 대한 믿음에 기댈 수 없다. 신들은 오래전에 자취를 감췄다. 우리에게 위안을 주던, 근대의 선형적인 진보에 발생한 균열은 모든 것이 돌고 돈다는 순환적인 역사관으로 해결될 수 없다. 이는 동일한 것의 영원회귀가 아니다. 이 부분에 대해서는 이미 지질학이 증명했다. 세계가 목적론에서 탈피해 무한한 가능성을 열어젖혔던 자기주장의 시대인 근대는 인간이 알고 있는 어떤 과거로의 회귀가 아니다. 오늘날 가장 중요한 '결정'들 중 일부가 당황스럽게도 인간의 손에서 내려지고, 자연은 인간의 결정에 갑작스러운 변화로 응수한다는 것을 제외하면, 세계는 여전히 수많은 가능성에 열려 있다.

이런 상황에서 우리는 희망을 찾을 수 있을까? 인간이 야기한 지구 시스템 기능의 교란이 이제 돌이킬 수 없는 정도에 이르렀다면, 이는 우리 자신을 운명에 맡겨야만 한다는 뜻일까? 그저 운명에 맡긴다는 것은 우리가 책임져야 하는 위반사항 목록에 도덕적 비겁함까지 추가하는 셈이 된다.

하지만 한 가지 확실한 것이 있다. 인간이 구원받을 가능성은 그 어떤 개인적 구원과도 관련이 없다는 것이다. 개인의 구원에 대한 희망은 근대성과 근대의 기본적 사상의 본질, 그리고 자아에 대한 집착의 또 다른 징후가 드러난 것이다. 근대 의식의 유아론(실재하는 것은 자아뿐이고 다른 모든 것은 자아의 관념이거나 현상에 지나지 않는다는 입장-옮긴이)은 우리가 초월적인 것과 자연으로부터 소외되며 따라온 것이어서, 자유는 개인적인 해방으로 이해될 수 있었다. 임박한 재앙 앞에서, 다른 사람들이 고통을 겪는 동안 자신을 구하는 것은 언제나 용서받을 수 없는 선택이었다.

오늘날 우리는 새로운 맥락, 그것도 가장 적절하지 못할 곳으로 예상되는 상황에서 이러한 자기 구원에 관한 목소리를 듣는다. 어떤 복음주의 목사들은 이렇게 선언한다. "나는 기후변화에 관심이 없다. 나는 천국에 있을 것이다." 이토록 냉담한 자라면, 이곳이 아닌 다른 곳이 그에게 더 살 만한 가치가 있는 목적지일 거라는 생각을 하지 않을 수 없다.

개인적으로 어떤 위로를 주던 간에, 신들을 재발견한다고 해서 인류세의 전개와 그로 인한 지구 시스템의 교란을 막지는 못할 것이다. 인류세의 위협에 대한 유일한 대응방식은 집단적인 방식, 즉 정치를 통하는 것이다. 진실인즉슨, 역사는 급하게 목적을 이루려는 자들의 야망을 좌절시키는 경우가 많다. 하지만 갑자기 목표에 다가가는 전개가 펼쳐지면서 우리를 놀라게 할 수도 있다. 생태운동가들은 기후교란을 막을 수 없었다. 어느 정도 진전은 있었지만 무관심한 세계가 주의를 기울이도록 변화시키는 데는 역부족이었다. 그럼에도 불구하고, 그들은 역사의 전환을 위해 토대를 준비해 왔다. 하지만 누구도 그 전환점이 언제 찾아올지, 언제 변화가 이루어질지 알지 못한다. 한나 아렌트(Hannah Arendt)의 정선된 표현을 빌리자면, "어둠 속에서 힘을 모으고 있던 저의들이 폭발하면서 갑자기 분출"될 것이다.[14]

소행성 충돌 같은 최후의 대재앙을 제외하면, 인류에게 있어 '종말'이란 결과를 예측하지 못한 채 하염없이 이어지는 투쟁의 시대가 될 것 같다. 자유의 남용에 대한 응징이 있다면, 그것은 하루 만에 끝나는 심판이 아니라 카프카(Franz Kafka)의 소설에서처럼 '끊임없이 이어지는 재판'의 형태를 취하게 될 것이다. 아마도 인간은 지구의 유한성과 인간의 거의 무한한 잠재력과 욕구 사이에서 조화를 이루기 위해 인류세의 심판과도 같은 시련을 통과해야 했는지 모른다. 인류의 도덕적 진보에서 피할 수 없는 단계인 길고 울퉁불퉁한 '타락'을 감내해야 했던 것이다. 인류세에서 지구 시스템의 지구적 경계가 뚜렷하게 인간에게 새겨진 것이 가혹하게 여겨질지라도, 먼 훗날 생존자들에 의해 이것이 진정한 해방으로 이어지는 길이자 지구와 연대해 살아가는 법을 배우기 위해 치러야 하는 대가였음이 판가름 날지도 모른다.

인류는 앞으로 다가올지 모르는 파국에서 구원될 수 있을까? 지구를 보호하지 못한 명백한 실패 뒤에도 지구의 호의적인 가능성과 조화를 이루어 진화하는 목적을 완수할 수 있는 또 다른 기회가 인간에게 주어질까? 프란치스코 교황처럼 종교적인 관점에서 생각하는 이들에게 "인류는 신의 기대를 저버렸다." 이제 그들은 신들이 제멋대로 행동한 아이들에게 등을 돌렸으므로, 그들 자신을 운명에 맡겨야 하는지 궁금해 할 것이다.

신들은 이러지도 저러지도 못하며 관망하고 있다. 그들은 자문한다. 우주가 인류를 버린다는 것은 어떤 의미일까? 인류가 지구를 망치도록 내버려두고 나서, 우주에 경탄하고 우주에 의미를 부여하던 유일한 존재를 우주로부터 박탈해 버린다면, 그것은 과연 어떤 의미가 있을까? 인류에게 가할 수 있는 벌은 충분히 있다. 결국 최후에 남은 몇 백 만의 인간만으로도 우주의

'궁극적 목적'(telos)을 이루기에는 부족함이 없을 것이다.

이 아름답고 빛나는 행성은 우주를 인식할 수 있는 능력을 부여받았다. 하지만 결국 그 우주를 무의식의 어둠 속으로 물러나게 한 생명체로 인해 행성의 번영이 불가능해 보일 때가 있다. 이런 생각에서 비롯된 희망은 우리 자신의 미래나 우리가 상상할 수 있는 후손들을 위한 희망이 아니다. 깊이 뉘우치고 더 지혜로운 또 다른 인류에게 그나마 희망이란 것을 품을 수 있다.

지구를 지키는 책임자로서의 운명을 거부했던 인간은 미래의 어느 순간에 자신의 운명에 굴복하게 될 것이다. 물론 그 전에 인간 종에 대한 수치심과 후회로 점철된 영겁의 시간을 거쳐야 했을 것이다. 보수와 재건의 과정이 일어나기 전까지 인간은 무관심의 대가를 톡톡히 치르게 될 것이다. 이러한 제2의 문명이 인류세에서 견뎌온 비극의 정당성을 입증할 것이라고는 확신할 수 없다. 또 다른 제2의 문명은 너무도 요원해 우리 시대와 과연 어떤 관련이 있을지 불확실하다. 우리는 미래의 존재 영역을 상상할 수 없으며, 부활한 인류가 두 번째 기회를 갖게 될 것인지도 확신할 수 없다. 이러한 만일의 경우를 보장할 수는 없지만 그래도 확실해 보이는 것이 하나 있다. 과거의 문명이 붕괴되고 남은 잿더미에서 새로운 문명을 건설하고자 하는 새로운 인류는 그 잿더미를 보며 이렇게 선언할 것이다.

"never again!"

서문

1) Will Steffen, Jacques Grinevald, Paul Crutzen, and John McNeil, The Anthropocene: Conceptual and Historical Perspectives, *Philosophical Transaction of the Royal Society* A 369 (2011): 842-867, 843.

2) David Archer, *The Long Thaw* (Princeton, NJ: Princeton University Press, 2009), 149-157; Curt Stager, *Deep Future: The Next 10,000 Years of Life on Earth* (New York: Thomas Dunne Books, 2011), 34-42, 279.

3) Hans-Georg Gadamer, *Truth and Method* (London: Bloomsbury, 1975), 61.

4) Martin Heidegger, *Contributions to Philosophy* (*of the Event*) (Bloomington, IN: Indiana University Press, 2012).

제1장 '인류세'라는 균열

1) Jan Zalasiewicz, Paul Crutzen, and Will Steffen, The Anthropocene. In F. M. Gradstein, J. G. Ogg, M. D. Schmitz 외 (eds), *The Geologic Time Scale* (Boston, MA: Elsevier, 2012), 1033-1040.

2) Will Steffen, Commentary on "The 'Anthropocene.'" In Libby Robin, Sverker Sörlin, and Paul Warde (eds), *The Future of Nature: Document of Global Change* (New Haven, CT: Yale University Press, 2013), 487.

3) Statement by the International Geosphere-Biosphere Programme; ⟨http://www.igbp.net/globalchange/greatacceleration.4.1b8ae20512db692f2a680001630.html⟩에서 이용 가능함.

4) Jan Zalasiewicz 외, When Did the Anthropocene Begin? A Mid-Twentieth Century Boundary Level is Stratigraphically Optimal, *Quaternary International* 383 (October 5, 2015): 196-203.

5) James Syvitski, Anthropocene: An Epoch of Our Making, *Global Change* 78 (March 2012): 14.

6) Toby Tyrrell, Anthropogenic Modification of the Oceans, *Philosophical Transactions of the Royal Society* A 369 (2011): 887-908.

7) Peter U. Clark 외, Consequences of twenty-First-Century Policy for Multi-Millennial Climate and sea-Level Change, *Nature Climate Change* 6 (April 2016): 360-369, 360-361.

8) Charles H. Langmuir and wally Broecker, *How to Build a Habitable Planet* (revised edition, Princeton, NJ: Princeton University Press, 2012), 645.

9) Jan Zalasiewicz, Mark Williams, Will Steffen, and Paul Crutzen, The New World of the Anthropocene, *Environmental Science and Technology* 44/7 (2010): 2228-2231, 2231. 강조는 인용자가 추가함.

10) Langmuir and Broecker, *How to Build a Habitable Planet*, 645.

11) Dipesh Chakrabarty, The Climate of History: Four Theses, *Critical Inquiry* 35/2 (2009): 197-222; Jacob Burckhardt, *Reflections on History* [Indianapolis, IN: Liberty Classics, 1979 (1868)], 31.

12) Kevin Trenberth, Framing the Way to Relate Climate Extremes to Climate Change, *Climatic Change*, November 115/2 (2012): 283-290.

13) Ian Angus, *Facing the Anthropocene: Fossil Capitalism and the Crisis of the Earth System* (New York: Monthly Review Press, 2016).

14) Paul Crutzen and Eugene Stoermer, The "Anthropocene", *Global Change Newsletter* 41 (2000): 17-18.

15) Clive Hamilton and Jacques Grinevald, Was the Anthropocene Anticipated? *The Anthropocene Review* 2/1 (April 2015): 59-72.

16) Paul Edwards, *A Vast Machine: Computer Models, Climate Data, and the Politics of Global Warming* (Cambridge, MA: MIT press, 2010), 67-69에서 인용함.

17) Spencer Weart, *The Discovery of Global Warming*, 온라인 출판물, 2012: 〈https://www.aip.org/history/climate/climogy.htm〉에서 이용 가능함. (또 Spencer Weart, The Idea of Anthropogenic Global Climate Change in the 20th Century, *WIREs Climate Change* 1 (Jan/Feb 2010): 67-81를 보라.

18) 이 부분의 내용 정의를 위해 도움을 준 자크 그리린발드(Jacques Grinevald)에게 감사한다.

19) Clive Hamilton, The Anthropocene as Rupture, *The Anthropocene Review* 2/1 (2016): 1-14.

20) William Ruddiman, The Anthropogenic Greenhouse Era Began Thousands of Years Ago, *Climatic Change* 61 (2003): 261-293.

21) Philippe Ciais, Christopher Sabine, Govindasamy Bala, Laurent Bopp 외, Carbon and Other Biogeochemical Cycles. In T. F. Stocker, D. Qin, G.-K.

Plattner, M. Tignor 외 (eds), *Climate Change 2013: The Physical Science Basis* (Cambridge: Cambridge University Press, 2013), 483-485, 도표 6.6.

22) Erle Ellis, Using the Planet, *Global Change* 81 (October 2013): 32-35.

23) T. M. Lenton and H. T. Williams, On the Origin of Planetary-Scale Tipping Points, *Trends in Ecology and Evolution* 28/7 (2013): 382. 제임스 러브록이, 생물권(그는 좁은 의미의 생물권으로 사용했다)이 대기와 상호작용하며 기후 시스템을 변화시킴으로써 지구를 변화시킨다고 말한 것에 주의하라.

24) Erle Ellis, Ecology in an Anthropogenic Biosphere, *Ecological Monographs* 85/3 (2015): 287-333, 288.

25) B. Smith and M. Zeder, The Onset of the Anthropocene, *Anthropocene* 4 (December 2013): 8-13, 8.

26) T. Braje and J. Erlandson, Human Acceleration of Animal and Plant Extinction: A Late Pleistocene, Holocene, and Anthropocene Continuum, *Anthropocene* 4 (December 2013): 14-23.

27) Simon Lewis and Mark Maslin, Defining the Anthropocene, Nature 519 (12 March 2015): 171-180. Lewis and Maslin were reprising the argument in R. Dull, R. Nevle, W. Woods, D. Bird, S. Avnery and W. Denevan, The Columbian Encounter and the Little Ice Age: Abrupt Land Use Change, Fire, and Greenhouse Forcing, *Annals of the Associationof American Geographers* 100/4 (2010): 755-771. 이에 대한 답으로 Jan Zalasiewicz, Colin Waters, Anthony Barnosky, Alejandro Cearreta 외, Colonization of the Americas, "Little Ice Age" Climate, and Bomb-Produced Carbon: Their Role in Defining the Anthropocene, *The Anthropocene Review* 2 (2015): 117-127; and Clive Hamilton, Getting the Anthropocene So Wrong, *The Anthropocene Review* 2 (2015): 102-107를 보라.

28) G. Certini and R. Scalenghe, Anthropogenic Soils and the Golden Spikes

for the Anthropocene, *The Holocene* 21/8 (2011): 1269-1274.

29) S. Gale and P. Hoare, The Stratigraphic Status of the Anthropocene, *The Holocene* 22/12 (2012): 1491-1494.

30) Christophe Bonneuil and Jean-Baptiste Fressoz, *The Shock of the Anthropocene* (London: Verso, London, 2016), xi.

31) Bonneuil and Fressoz, *The Shock of the Anthropocene*, 170, 198.

32) Angus, *Facing the Anthropocene*.

33) Jedediah Purdy, *After Nature: A Politics for the Anthropocene* (Cambridge, MA: Harvard University Press, 2015), 16.

34) David Keith, *A Case for Climate Engineering* (Cambridge, MA: MIT Press, 2013), 170-172.

35) John Bellamy Foster, Brett Clark, and Richard York, *The Ecological Rift: Capitalism's War on the Earth* (New York: Monthly Review Press, 2010), 19-20.

36) Erle Ellis, The Planet of No Return, *Breakthrough Journal*(온라인) 2 (fall 2011).

37) Erle Ellis, Neither Good Nor Bad, *New York Times*, May 23, 2011.

38) Clive Hamilton, *Earthmasters: The Dawn of the Age of Climate Engineering* (London: Yale University Press, 2013), 90-92.

39) Peter Kareiva, Robert Lalasz, and Michelle Marvier, Conservation in the Anthropocene, *Breakthrough Jearnal*(온라인) 2 (fall 2011).

40) Erle Ellis, The Planet of No Return(강조는 나의 것임).

41) Bonneuil and Fressoz, *The Shock of the Anthropocene*, 289.

42) Andreas Malm and Alf Hornborg, The Geology of Mankind? A Critique of the Anthropocene Narrative, *The Anthropocene Review* 1/1 (2014): 62-69, 63.

43) Jason Moore, The Capitalocene Part Ⅰ: On the Nature & Origins of our Ecological Crisis; 〈http://www.jasonwmoore.com/uploads/The_Capitalocene_

Part_Ⅰ_June_2014.pdf〉에서 이용 가능함, 미출간, 날짜기록 없음, 4.

44) Paul Crutzen, Geology of Mankind, *Nature* 415 (2002): 23.

45) Bonneuil and Fressoz, *The Shock of the Anthropocene*, 66.

46) Jason Moore, The Capitalocene, Part Ⅰ: On the Nature & Origins of Our Ecological Crisis; 〈http://jasonwmoore.com/uploads/The_Capitalocene_Part_Ⅰ _June_2014.pdf〉에서 이용 가능함, 미출간, 날짜기록 없음, 4.

47) Clive Hamilton, *Capitalist Industrialization in Korea* (Boulder, CO: Westview Press, 1986).

48) Alf Hornborg, Artifacts Have Consequences, Not Agency: Toward a Critical Theory of Global Environmental History, *European Journal of social Theory* 20/1 (2017).

제2장 새로운 인간중심주의

1) Vaclav Smil, Harvesting the Biosphere: The Human Impact, *Population and Development Review* 37/4 (December 2011): 613-636. 건조중량으로 측정한 비율이다.

2) 윌 스테픈(Will Steffen)에게 감사한다. 그는 생물권 전체가 조정되어 전이과정에 참여해도 그 어떤 요소의 생존도 장담하지 못한다고 덧붙인다.

3) Jedediah Purdy, *After Nature: A Politics for the Anthropocene* (Cambridge, MA: Harvard University Press, 2015), 책 표지.

4) Pope Francis, *Laudato Si: On Care for Our Common Home* (published by the Vatican, May 24, 2015), 3, 그 다음 5, 11.

5) 이 이미지를 제안한 브뤼노 라투르에게 감사한다. 그러나 이 인용에 대해서는

전적으로 내게 책임이 있다.

6) "그러나 칸트에게 있어서, 도덕의 영역은 자유의 영역이며, 자유는 자연의 나머지 부분과 인간의 차이를 구성한다." Michael Hogue, *The Tangled Bank: Towards an Echotheological Ethics of Responsible Participation* (Eugene: Pickwick Publications, 2008), 191.

7) 로빈 앳필드(Robin Attfield)는 인간중심주의 너머에 있다. *Royal Institute of Philosophy* 69 (October 2011): 29-46.

8) 존 패스모어(John Passmore)는 이것을 *Man's Responsibility for Nature: Ecological Problems and Western Traditions* (London: Duckworth, 1980, 부록)에서 확인한다. 이와 함께 인간중심주의에 대한 다음 두 가지를 참조하라. 먼저 (데카르트로 인해) 자연은 인간의 필요로 인해 만들어진 것이 아니다(그러므로 인간중심이 아니다). 그러나 인간은 자연을 변화시키고 이용하기 위해 무자비하게 자신의 독특한 힘을 행사한다. 두 번째로 (버클리와 칸트로 인해) 자연은 인간이 현실성을 부여하지 않는 한 존재하지 않는다.

9) Dipesh Chakrabarty, The Climate of History: Four Theses.

10) Malm and Hornborg, The Geology of Mankind? A Critique of the Anthropocene Narrative.

11) Lisa Sideris, Anthropocene Convergences: A Report from the Field. In Robert Emmett and Thomas Lekan (eds), *Whose Anthropocene?: Revisiting Dipesh Chakrabarty's Four These*, RCC Perspectives: Transformations in Environment and Society, No. 2. (2016): 89-96.

12) Clive Hamilton, Theories of Climate Change, *Australian Journal of Political Science* 47/4 (2012): 721-729.

13) Clive Hamilton, *Requiem for a Species: why we Resist the Truth about Climate Change* (London: Earthscan, 2010), ch. 4.

14) 존 패스모어는 그의 책(*Man's responsibility for Nature*, 179-180)에서, 헤겔과

마르크스는 인간이 세계에 무언가를 추가하는 것이 문명화될 수 있는 그들의 능력에 있음을 알았다고 썼다. "인간이 스스로 '자연을 정복할 의무'가 있다고 생각하는 것은 단지 오만함에서 비롯된 것이 아니다. 인간이 그렇게 창조되었기 때문이다. 지금까지는, 그리고 지금까지만, 그들은 '자연에 대한 지배'를 정당하게 주장할 수 있다."

15) Philippe Descola, *Beyond Nature and Culture* (Chicago, IL: University of Chicago Press, 2013), 121.

16) Erle Ellis, The Planet of No Return.

17) Michael Shellenberger and Ted Nordhaus, Love Your Monsters, Breakthrough Institute: 〈http://thebreakthrough.org/index.php/journal/past-issues/issue-2/love-your-monsters〉, November 29, 2011에서 이용 가능함.

18) 틸리(Tilley)는 신과 악에 관한 담론이 영구적인 문제가 아니라 계몽주의 시대에만 나타났다고 주장하지만, Terrence Tilley, *The Evils of Theodicy* (Washington, DC: Georgetown University Press, 1991), 86, 229를 보라.

19) Susan Neiman, *Evil in Modern Thought: An Alternative History of Philosophy* (Princeton, NJ: Princeton University Press, 2002), 86를 보라.

20) Ellis, The Planet of No Return.

21) G. W. F. Hegel, *Lectures on Philosophy of World History: Introduction*, tran. H. B. Nisbet (Cambridge: Cambridge University Press, 1975), 43.

22) Neiman, *Evil in Modern Thought*, 69-70.

23) Paul Ricoeur, *The Symbolism of Evil* (New York: Harper & Row, 1967), 51.

24) Neiman, *Evil in Modern Thought*, 182.

25) Terry Eagleton, *Hope Without Optimism* (New Haven, CT: Yale University Press, 2015), 4.

26) Fredrik Albritton Jonsson, The Origins of Cornucopianism: A Preliminary Genealogy, *Critical Historical Studies* 1/1 (spring 2014): 151-168.

27) Clive Hamilton, *Earthmasters: The Dawn of the Age of Climate Engineering* (London: Yale University Press, 2013).

28) 러스킨에 대해서는 Vicky Albritton and Fredrik Albritton Jonsson, *Green Victorians: The Simple Life in John Ruskin's Lake District* (Chicago IL: University of Chicago Press, 2016)를 보라.

29) Adrian Wilding, Ideas for a Critical Theory of Nature, *Capitalism Nature Socialism* 19/4 (2008): 48-67.

제3장 친구와 적

1) 〈http://news.xinhuanet.com/english/2009-12/27/content_12711466.htmhttp://www.theguardian.com/environment/2009/dec/22/copenhagen-climate-change-mark-lynas〉를 보라.

2) Hegel, *Lectures on the Philosophy of world History*, 197.

3) Clive Hamilton, *Growth Fetish* (London: Pluto Press, 2004).

4) To borrow Ollie Cussen's words from The Trouble with the Enlightenment, *Prospect Magazine* (May 5, 2013): 〈http://www.prospectmagazine.co.uk/magazine/the-enlightenment-and-why-it-still-matters-anthony-pagden-review〉에서 이용 가능함.

5) 서구의 민주주의가 강제로 확산되는 것이 종종 비참하게 실패했다면, 정의에 대한 요구는 어디에서나 들릴 수 있다.

6) Jason Moore, *Capitalism in the Web of Life* (London: Verso, 2015), 4.

7) Hornborg, Artifacts Have Consequences, Not Agency.

8) 에와 도만스카(Ewa Domanska)의 논점은, Beyond Anthropocentrism in

Historien 10 (2010): 118-130, 118-119에 있다.

9) Domanska, Beyond Anthropocentrism in Historical Studies(강조는 나의 것임).

10) Michael Hardt and Antonio Negri, *Empire* (Cambridge, MA: Harvard University Press, 2000), 21.

11) Jane Bennett, *Vibrant Matter: A Political Ecology of Things* (Durham, NC: Duke University Press, 2009), 21.

12) Amanda Rees, Anthropomorphism, Anthropocentrism, and Anecdote: Primatologists on Primatology, *Science, Technology, & Human Values* 26/2 (spring 2001): 227-247, 228.

13) Donna Haraway, *The Companion Species Manifesto* (Chicago, IL: University of Chicago Press, 2003), 5.

14) Donna Haraway, Anthropocene, Capitalocene, Plantationocene, Chthulucene: Making Kin, *Environmental Humanities* 6 (2015): 159-165, 160.

15) "Dangerous extremists are using the very same argument of social construction to destroy hard-won evidence that could save our lives." Bruno Latour, Why Has Critique Run Out of Stream? From Matters of Fact to Matters of Concern, *Critical Inquiry* 30 (winter 2004): 225-228, 227.

16) Kieran Suckling, Against the Anthropocene, *Immanence*, blog post, July 7, 2014: ⟨http://blog.uvm.edu/aivakhiv/2014/07/07/against-the-anthropocene/⟩에서 이용 가능함. 이에 대한 답은 Clive Hamilton, Anthropocene: Too Serious for Postmodern Games, *Immanence*, blog post, August 18, 2014: ⟨http://blog.uvm.edu/aivakhiv/2014/08/18/anthropocene-too-serious-for-postmodern-games/⟩에서 이용 가능함.

17) Anna Tsing, Unruly Edges: Mushrooms as Companion Species, *Environmental Humanities* 1 (2012): 141-154, 145.

18) Tim Morton, Anna Lowenhaupt Tsing's *The Mushroom at the end of the*

World: On the Possibility of Life in Capitalist Ruins, Somatosphere(웹사이트),
December 8, 2015. 〈http://somatosphere.net/2015/12/anna-lowenhaupt-
tsings-the-mushroom-at-the-end-of-the-world-on-the-possibility-of-life-
in-capitalist-ruins.html〉에서 이용 가능함.

19) Timothy James LeCain, Against the Anthropocene. A Neo-Materialist
Perspective, *International Journal for History, Culture and Modernity* 3/1
(2015): 1-28.

20) Moore, The Capitalocene, Part Ⅰ.

21) Jason Moore, *Capitalism in the Web of Life* (London: Verso, 2015), 171.

22) Moore, *Capitalism in the Web of Life*, 172-173.

23) Latour, Why Has Critique Run Out of Stream?, 232.

24) Anna Tsing, A Feminist Approach to the Anthropocene: Earth
Stalked by Man (lecture at Barnard College, November 10, 2015); 〈https://
vimeo.com/149475243〉에서 이용 가능함.

25) Haraway, Anthropocene, Capitallocene, Plantationocene, Chthulucene,
159.

26) Hornborg, Artifacts Have Consequences, Not Agency.

27) Descola, *Beyond Nature and Culture*, 86.

28) Bruno Latour, How To Make Sure Gaia is Not a God of Totality?
Unpublished lecture to a conference in Rio de Janeiro, September 2014.

29) Latour, How To Make Sure Gaia is Not a God of Totality?

30) Descola, *Beyond Nature and Culture*, 121.

31) Descola, *Beyond Nature and Culture*, 86(강조는 인용자가 추가함).

32) Descola, *Beyond Nature and Culture*, 87.

33) Descola, *Beyond Nature and Culture*, 405.

34) Descola, *Beyond Nature and Culture*, 85.

35) Descola, *Beyond Nature and Culture*, 85.

36) Lucas Bessire and David Bond, 'Ontological Anthropology and the Deferral of Critique', *American Ethnologist* 41/3 (2014): 440-456, 445.

37) Bruno Latour, *An Inquiry into Modes of Existence: An Anthropology of the Moderns* (Cambridge, MA: Harvard University Press, 2015), 182.

제4장 행성의 역사

1) Frederich Nietzsche, *On Truth and Lies in an Extra-Moral Sense*. In *The Portable Nietzsche*, edited and translated by Walter Kaufmann (Harmondsworth: Penguin, 1977), 46-47.

2) Carl Sagah, *Cosmos* (New York: Random House, 1980), 7.

3) John Gray, *Straw Dogs* (London: Granta Books, 2002), 151. Terry Eagleton commented: "His book is so remorselessly, Monotonously negative that even nihilism imlies too much hope" (*Guadian*, September 7, 2002).

4) John Hicks, *Evil and the God of Love* (London: Macmillan, 1985[1966]), 256.

5) 존 힉(John Hick)의 영향력 있는 책, *Evil and the God of Love*, 특히 253쪽 이후. 마크 스콧(Mark Scott)은 그런 신정론이 기원론의 더 좋은 근거라고 주장한다; Mark Scott, Suffering and Soul-Making: Rethinking John Hick's Theodicy, *The Journal of Religion* 90/3 (2010): 313-334. 틸리는, 이레나이우스는 신정론을 전혀 펼치지 않았으며, 힉의 신정론은 그의 책 *The Evils of Theodicy*, 228에서 찾아볼 수 있다고 주장한다.

6) Bruno Latour, *Facing Gaia* (Cambridge: Polity, 2017).

7) E. H. Carr, *What Is History?* (Harmondsworth: Penguin, 1964), 134.

8) Slavoj Žižek, *Less Than Nothing: Hegel and the Shadow of Dialectical Materialism* (London: Verso, 2013), 213.

9) Žižek, *Less Than Nothing*, 217.

10) Žižek이 *Less Than Nothing*, 208에서 인용한 T. S. Eliot.

11) Catherine Malabou, *The Future of Hegel: Plasticity, Temporality and Dialectic*, trans. Lisabeth During (London: Routledge, 2005), 13.

12) Karl Barth, *God Here and Now* (London: Routledge & Kegan Paul, 1964), 37.

13) Martin Heidegger가 *Schelling's Treatise on the Essence of Human Freedom*, translated by Joan Stambaugh [Athens, OH: Ohio University Press, 1985 (1971)], 1에서 인용함. 하이데거 자신은 "그 단어들의 심오한 거짓"(the profound untruth of those words)에 대해 논평했다.

제5장 인간의 흥망성쇠

1) Hans Jonas, Life, Death, and the Body in the Theory of Being, *The Review of Metaphysics* 19/1 (September 1965): 3-23, 3.

2) 이 표현은 Bruce Matthews, *Schelling's Organic Form of Philosophy* (Albany, NY: State University of New York, 2011), 34에서 가져왔다. F. W. J. Schelling, *Philosophical Investigations into the Essence of Human Freedom* [Albany, NY: State University of New York Press, 2006(1809)], 73를 보라. 나는 셸링에 대해 하이데거의 *Schelling's Treatise on the Essence of Human Freedom*에서 영향 받았다.

3) 셸링을 시작으로(Matthews, *Schelling's Organic Form of Philosophy*, 4를 보라) 쇼펜하우어와 명료함에 이르러 보자[Clive Hamilton, *The Freedom Paradox:*

Towards a Post-Secular Ethics (Sydney: Allen &Unwin, 2008), 98-99를 보라].

4) 이 논쟁은 라투르가 제안한 다음 두 단락에서 더 정교해진다.

5) Arthur Schopenhauer, *The World as Will and Representation* (New York: Dover Publications, 1969), Ⅱ, 196.

6) Matthews, *Schelling's Organic Form of Philosophy*, 30에서 인용함.

7) Matthews, *Schelling's Organic Form of Philosophy*, 2.

8) Hamilton, *Earthmasters*, 90-92.

9) Kaya Burges, Space Ark Will Save Man from a Dying Planet, *The Times*, April 28, 2014.

10) 〈http://projectpersephone.org/pmwiki/pmwiki.php〉를 보라.

11) Paul Tillich, *The Future of Religions* (New York: Harper & Row, 1966), 43.

12) Burgess, Space Ark Will Save Man from a Dying Planet(강조는 인용자가 추가함).

13) 울리히 백(Ulrich Beck)은 "사회 불평등의 힘과 갈등역학"에서 기후변화의 답을 찾았고, 산업 근대성을 "자기 해체와 자기 변혁" 과정으로 개방하기 때문에 기후 위기를 환영했다. 앤서니 기든스(Anthony Giddens)는 과학이 논쟁의 여지가 있다는 부정주의자(denialist)들에게 매료되어 "과학적 논쟁"(scientific controversies)을 통해 제3의 길을 찾고자 하며, "우리를 기다리고 있는 또 다른 세계가 있다"고 결론 내렸다. 이 또 다른 세계는 (창백한 안색의 극단적 환경보호당을 제외한) "정당간 협의"(cross-party framework)를 통해 찾을 수 있다. Hamilton, Theories of Climate Change를 보라.

14) Hannah Arendt, *The Human Condition* (Chicago, IL: University of Chicago Press, 2013), 248.

ㄱ